徳川の歴史再発見

森林の江戸学Ⅱ

公益財団法人 徳川黎明会
徳川林政史研究所【編】

東京堂出版

はしがき

平成二三年（二〇一一）三月に発生した東北地方太平洋沖地震とそれに伴う大津波、近年の集中豪雨により各地に発生した水害や土砂災害は、その土地に暮らす人々の生命や財産を無残にも奪っていった。また、本年一月には、阪神・淡路大震災から二〇年の節目を迎えた。これを契機に、過去の大災害に対する市民の関心は一層高まっている。

こうした状況の中で、当研究所は〝暮らしを守る森林〟の歴史に着目した。日本では特に江戸時代以降、洪水・渇水・強風・飛砂・津波といったさまざまな災害から暮らしを守るための森林が、各地で保護・育成されてきた。実はこのような森林が、現在の保安林（防災林）のルーツになっている。

確かに、過去の大災害による被害は、既存の海岸林や土砂流出防備林・水源涵養林といった保安林が、自然の猛威に完全には対応しきれなかったことを示している。しかし、一方で人々の暮らしを守るために整備されてきたこれらの森林が、幾多の災害に対して一定の減災要素となり、被害の進行を遅らせ、結果として人命の救助に繋がったという事実は重要である。この点は、災害への備えはもちろんのこと、広く自然環境を調整して人々の暮らしを豊かにするために、森林の多様な機能が活用できることを、改めて示唆するものといえよう。実際に、東北地方太平洋沖地震発生時の津波で失われてしまった岩手・宮城両県の海岸防災林を再生しようとする動きが、自治体を越えた結びつきをもって推進されている。

ところが、災害そのものの研究と比べると、こうした〝暮らしを守る森林〟が、どのような経緯で保護・育成されてきたのかは、これまで充分に見つめ直されていないように思われる。いうまでもなく、森林が育つのには数十年から数百年の長い期間が必要であり、森林の視点に立てば江戸時代は遠い過去ではない。そのため、今後いかに森林を管理・活用していくべきなのかを考えるには、「歴史」という観点が欠かせない。

徳川林政史研究所（前身の徳川林政史研究室は大正一二年設立）は、創立者の徳川義親（尾張徳川家第一九代当主）が尾張藩領であった木曽山の歴史研究を志して以来、江戸時代から現代に至るまでの全国各地の森林の歴史を、政策史・産業史の観点から一貫して研究してきた我が国唯一の民間研究機関である。

近年では、文部科学省から科学研究費補助金「特定奨励費」の交付を受けて、組織の統廃合により廃棄・散逸の危機にあった全国森林管理局の所蔵史料を調査し、国立公文書館への移管に結びつけた。また、全国各地で公開講座を開催し、研究の成果を一般の人たちにわかりやすく伝える機会を設けるなど、調査・研究・普及の多方面にわたって幅広く活動を展開している。

こうした活動の一環として、平成二四年二月には、いわゆる〝徳川三百年〟という長い年月の中で、人々が森林をどのように利用し、守り育ててきたのかをまとめた『徳川の歴史再発見　森林の江戸学』を刊行した。今回新たに企画した本書は、その後の研究成果を取り入れながら、より現代的な課題である〝暮らしを守る森林〟に焦点を絞って、各地に残るさまざまな史実を〝再発見〟しようとするものである。

このような意図から、本書は前著とは異なる構成をとった。まず、冒頭には「〝暮らしを守る森林〟―江戸時代からのメッセージ―」と題した総説を置いた。ここでは、江戸時代に育成された〝暮らしを守る森林〟の意義と特徴を、自然科学の知見にも学びながら、地域性を重視して叙述した。

そのうえで、以下Ⅰ～Ⅴの各論を配し、それぞれの地域に生きる人々が〝暮らしを守る森林〟とどのように向き合ってきたのかを、具体的な事例を交えて説明した。Ⅰ「山を治める」では、土砂の流出を抑え、洪水の発生などを防止する取り組みを紹介した。Ⅱ「水源を育む」では、人が生きていくうえで欠かせない用水を確保するため、渇水を防ぐ水源の森林づくりをとりあげた。Ⅲ「風・飛砂・潮に備える」では、冬の季節風などに備えた屋敷林と、飛砂や高潮・

津波などの被害を減災した海岸林について記述した。Ⅳ「暮らしの危機と森林」では、特に火災・飢饉・地震・津波をとりあげて、被災地が暮らしの危機をいかに乗り越え、その体験からどのような防災対策をとったのかを、森林とのかかわりで検討した。このⅣは、Ⅰ～Ⅲに比べ、災害からの復旧・復興に重点を置いた記述となっている。そして、Ⅴ「時代を越える〝暮らしを守る森林〟」では、江戸時代の〝暮らしを守る森林〟が、明治時代から現代まで続く保安林制度の基礎となっていったことを展望した。また、Ⅰ～Ⅴの各論にはトピックを付し、内容の理解を助け、新たな視点を提供する話題を盛り込んだ。なお、本書は前著の姉妹編ともいうべきもので、その内容は相互に関連するところが多い。是非、あわせてお読みいただければ幸いである。

執筆者各位の御協力に御礼申し上げるとともに、企画・立案・執筆において中心的な役割を果たした藤田英昭氏・芳賀和樹氏の努力に感謝したい。

末筆ながら、本書の刊行にあたり、東京堂出版の林謙介氏には、編集等さまざまな面で格別のご尽力をいただいた。記して謝意を表したい。

平成二七年三月

徳川林政史研究所所長

竹内　誠

◉徳川の歴史再発見　森林の江戸学Ⅱ――――目次

総説

〝暮らしを守る森林〟

―江戸時代からのメッセージ―

秋田県河辺郡新屋町（秋田市）の海岸砂防林

昭和初期頃の様子。遠藤安太郎編『日本山林史 保護林篇 下』（日本山林史刊行会、1934年）77頁より引用。

一 〝暮らしを守る森林〟へのまなざし

1 公益的機能の重視と保安林

近年、森林の持つさまざまな機能が、人びとの関心を集めている。きちんと手入れされた森林は、土砂崩れや洪水を防ぎ、きれいな空気や安らぎの場を提供してくれる。春にはふきのとう・こごみ・たらの芽などの山菜を採り、秋には紅葉狩りを楽しむ人も多いであろう。私たちが普段口にしている水も、もとをたどれば、水源の森でゆっくりと浄化されたものである。

〔図1‐1〕は、政府が昭和五五年（一九八〇）から平成二三年（二〇一一）までに実施した世論調査のうち、「今後森林のどのような働きを期待しますか」という質問への回答結果を示したグラフである。これによると、平成に入って「木材を生産する働き」が急に順位を落とした一方で、「災害を防止する働き」と「水資源を蓄える働き」は上位を維持し、新たに「地球温暖化防止に貢献する働き」が上位に躍り出た。平成九年に、二酸化炭素などの温室効果ガスを削減するため、京都議定書が採択されたことは記憶に新しい。

このような期待の変化を受けて、政府は平成一〇年度から、木材生産機能の発揮に重点を置いた従来の国有林経営を修正して、国土の保全（山崩れの防止や水源の涵養《かんよう》など）や、快適環境の形成（強風や飛砂などから住環境・

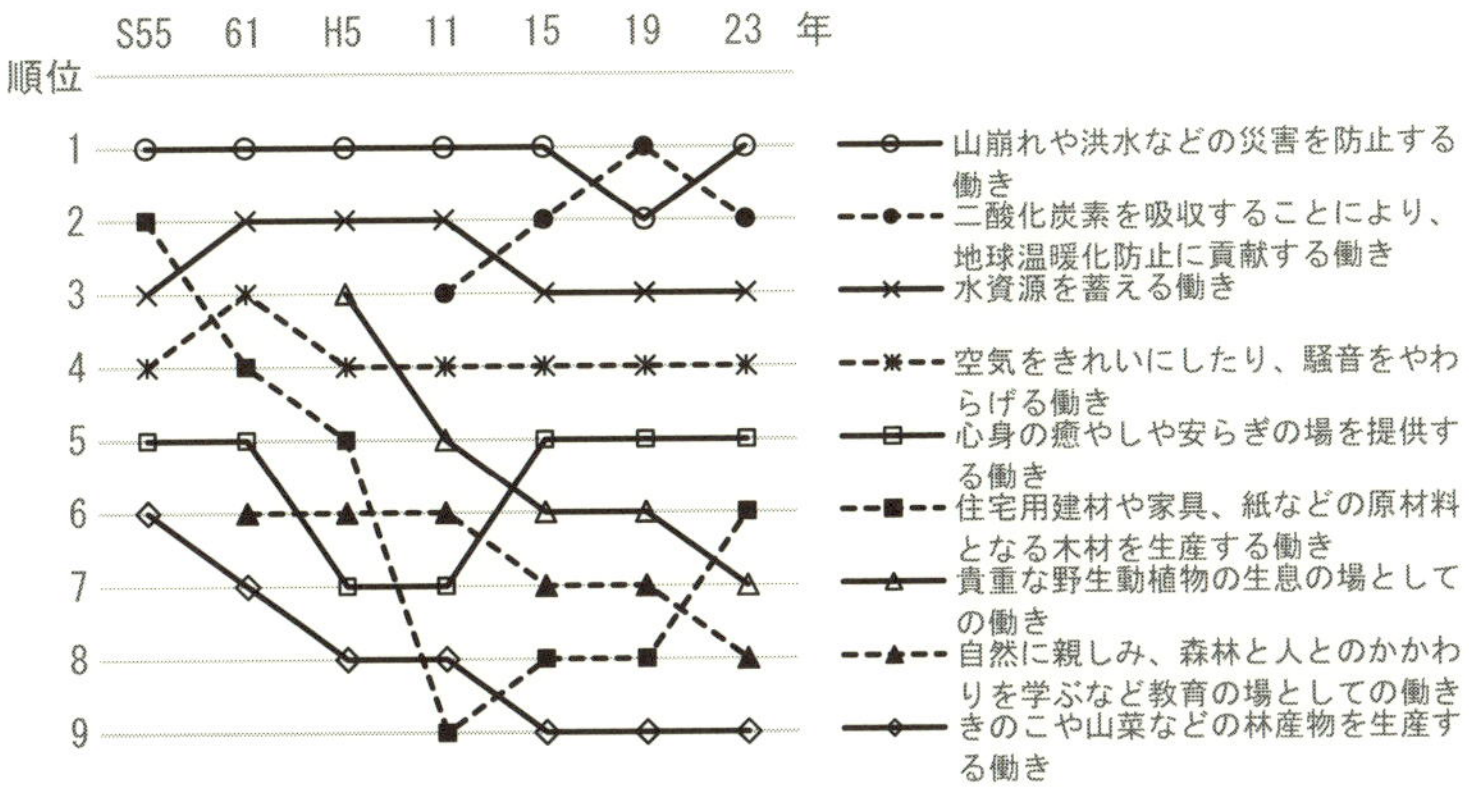

図１－１　国民が森林に期待する役割の変遷

林野庁編『平成26年版 森林・林業白書』（全国林業改良普及協会、2014年）31頁より作成。選択肢から3つを選ぶ方式で、「特にない」「わからない」「その他」は省略。

農地を守る）に代表される〝公益的《こうえきてき》機能《きのう》〟を重視するようになった（林野庁編『平成二六年版 森林・林業白書』）。戦後の林野行政が、莫大な建築材需要と、木材増産を期待する世論を背景に、生育の早いスギ人工林の拡大などを推進してきた事情を考えれば、大きな方針の転換といえる。

右のような方針転換にあわせ、政府は国有林の類型を①水土保全林、②森林と人との共生林、③資源の循環利用林に区分した。このうち、①は山地災害の防止や水源涵養を図るもの、②は貴重な自然環境の保全やレクリエーションでの利用を想定したもの、③は木材の安定供給を目的としたものである。平成二四年の時点では、①と②で全面積の九割以上を占めた。さらに、翌二五年からは右の三類型を再編し、山地災害防止タイプ・自然維持タイプ・森林空間利用タイプ・快適環境形成タイプ・水源涵養タイプの五類型に改めている。この新たな類型では、木材の供給を目的とした森林は独立したタイプとして設定されず、五類型の森林を適切に管理した結果得られる木材を、計画的に供給するよう定められた。

こうした〝公益的機能〟を充分に発揮させるためには、森

表1－1 保安林の種類と機能・面積

種類	主な機能	面積（千 ha）		
		国有	民有	合計
水源涵養保安林＊	森林土壌の団粒構造により、河川の水量を一定に保って洪水や渇水を防止する。水質を浄化する	5,688	3,440	9,128
土砂流出防備保安林＊	地表に堆積する落ち葉や土壌の団粒構造により、土砂が雨で削り取られるのを防ぎ、土砂が河川へ流出して土石流などが起こるのを防止する	1,078	1,486	2,564
土砂崩壊防備保安林＊	樹木の根が土壌を押さえることにより、土砂崩れという直接的な被害を防止する	20	39	59
飛砂防備保安林＊	砂地を森林で覆って砂が飛ぶのを妨げ、枝葉で風速を緩和して飛砂を遮断する	4	12	16
防風保安林＊	枝葉の摩擦抵抗によって風速を緩和する	23	34	57
水害防備保安林＊	河川沿いにあって幹の摩擦抵抗により洪水の勢いを緩和し、樹木の根が土壌を押さえて堤防の決壊を防止する	0	1	1
潮害防備保安林＊	幹の摩擦抵抗によって津波や高潮の勢いを緩和する。また、枝葉が海水の飛沫を捉えるとともに風速を緩和し、塩害を防止する	5	8	14
干害防備保安林	水源涵養機能によって局所的に干害を防ぐ。対象が流域全体の場合には水源涵養保安林に指定される	50	75	125
防雪保安林	枝葉の摩擦抵抗によって吹雪の風速を緩和し、森林内に雪を落とすことで吹雪の被害を防止する	0	0	0
防霧保安林	森林の存在が空気の乱流を起こして霧の移動を止め、枝葉が霧粒を捉えて霧を薄くする	9	53	62
なだれ防止保安林＊	なだれの原因となる積雪の割れ目などの形成を妨げ、幹の摩擦抵抗によって斜面の積雪が滑り落ちるのを防止する	5	14	19
落石防止保安林＊	樹木の根が土石を押さえて崩壊・転落を防ぎ、落石の際には障害物となって落石の勢いを緩和する	0	2	2
防火保安林	耐火性の高い樹木で延焼を防止する	0	0	0
魚つき保安林＊	水面に落ちる森林の陰、樹木から落ちる昆虫、森林から流出する養分、水質汚濁防止などで、魚類の生息・繁殖環境を維持する	8	52	60
航行目標保安林＊	海岸や湖岸にあって地理的目標物となり、漁船などの航行の目印となる	1	0	1
保健保安林＊	局所的な気象条件を緩和して、レクリエーションや休養の場所となり、生理的・心理的に人びとの保健・衛生に資する	357	343	699
風致保安林＊	名所・旧跡などの趣きある風景を構成する	13	15	28
合計		7,261	5,575	12,836
実面積		6,906	5,185	12,091

林野庁編『平成26年版 森林・林業白書』（全国林業改良普及協会、2014年）参考資料5頁、只木良也『森林環境科学』（朝倉書店、1996年）104～105頁より作成。面積は2013年3月31日時点の数値。合計の不一致は四捨五入による。＊は明治30年森林法から設定（土砂流出防備林・土砂崩壊防備林は土砂扞止林として一括）。ほかは昭和26年森林法改正で追加。

林を適切に管理するための法律や制度の整備が欠かせない。その主要なものの一つが、森林法で定められている保安林《ほあんりん》制度である。保安林とは、農林水産大臣または都道府県知事が、必要に応じて指定する一七種類の森林で（表1－1参照）、それぞれの機能を確保するために、樹木の伐採などが制限される。現在、保安林全体の実面積は一二〇〇万ヘクタールに昇り、それは全森林面積の約五割、国土面積の約三割を占める。これらの保安林は、私たちの暮らしを自然の猛威から守り、豊かにするために欠かせない存在となっている。

2　〝暮らしを守る森林〟の歴史

森林の持つ〝公益的機能〟への着目は、なにも近年にはじまったことではない。〝公益的機能〟という言葉こそなかったが、日本列島に暮らす人びとは、森林が災害を防止したり、水を蓄えたりすることを、古くから経験的に知っていた。特に江戸時代には、土砂流出の防止や水源涵養、防風・防潮《ぼうちょう》・防火などを目的にした〝暮らしを守る森林〟が、各地で盛んに育成されるようになったのである。

たとえば、秋田藩領の河辺《かわべ》郡百三段新屋《ももさだあらや》村（秋田県秋田市）は、潮風に乗って飛んでくる砂に悩まされていた。そこで、村の百姓たちが中心になって、享保九年（一七二四）から、砂地でも生育しやすいグミの木を浜辺へたびたび植栽した。ところが、強風と砂が吹きすさぶ厳しい環境では、グミでさえなかなか根付かず、文化期（一八〇四～一八）には田畑や家屋までもが砂で埋没するほどの被害を受けた。そんな折、すでに山本郡の沿岸で砂防林の造成に成功していた郡方見廻役《こおりかたみまわりやく》の栗田定之丞《くりたさだのじょう》が、百三段新屋村沿岸の飛砂《ひさ》対策を命じられた。

彼は、寛政一〇年（一七九八）に山本郡沿岸の「砂留」を命じられるや、すぐに現地を観察し、それまで植栽

図１－２　現在の栗田神社

筆者撮影。境内にはマツが植えられている。

された樹木のうちの一部が根付いていることを発見して、その植栽方法を地元の植林担当者へ尋ねた。すると、風除けのために「山萱にて垣立て」、「其《そ》の風下」へグミを移植し、「苫《とま》（萱などを菰《こも》のように編んだもの）等にて張り留め」たとの返答があった。そこで、栗田はこの先人の編み出した方法を採用して、さらに「人足使ひ方・手配等の仕様工夫を尽くし」て植栽の陣頭指揮をとり、文化期までにマツ苗数百万本を植栽させたという。栗田は、この経験を活かして百三段新屋村の沿岸へもグミやマツを植栽させ、文政期（一八一八～三〇）までに大きな成果を上げた（能代市史編集委員会編『能代市史資料　第三十号』）。同村から栗田へ宛てられた報告書には、砂防林のおかげで砂が飛ばなくなったばかりか、グミの実を城下町で売って金銭を稼ぐこともできたと記されている。同一〇年に栗田が病没した際、同村の百姓らはすぐに祠《ほこら》を建て、安政四年（一八五七）には藩の許可を得て一社を建立し、「栗田大明神」を祀った（図1－2参照）。百三段新屋村の海岸では、その後も多くの人びとによってマツが植え継がれた。こうしてできた海岸林は、現在飛砂防備保安林と保健保安林に指定されている。

江戸時代の武士や百姓は、〝徳川の平和〟のもとで長い年月をかけて試行錯誤を繰り返し、知識や技術・技能を磨き、工夫を凝らして〝暮らしを守る森林〟を育てていた。以下では、こうした森林と人の関わりあいの歴史を、自然科学の知見にも学びながら、さまざまな事例をとりあげて繙《ひもと》いていきたい。

【参考文献】
遠藤安太郎編『日本山林史 保護林篇 上』（日本山林史刊行会、一九三四年）、大日本山林会編『郷土を創造せし人々（海岸砂防篇）』（大日本山林会、一九三四年）、林野庁編『徳川時代に於ける林野制度の大要』（林野共済会、一九五四年）、改訂新屋郷土誌編集委員会編『改訂新屋郷土誌』（日吉神社、一九七〇年）、秋田県編『秋田県林業史 上巻』（秋田県、一九七三年）、只木良也『森林環境科学』（朝倉書店、一九九六年）、能代市史編集委員会編『能代市史資料 第三十号』（能代市史編さん室、二〇〇二年）、林野庁編『平成二五年版 森林・林業白書』（全国林業改良普及協会、二〇一三年）、林野庁編『平成二六年版 森林・林業白書』（全国林業改良普及協会、二〇一四年）

二　国土の変貌と水土保全への着目

1　徳川の世の幕開けと国土の変貌

慶長五年（一六〇〇）、関ヶ原の戦いに勝利した徳川家康は、豊臣氏の直轄地と石田三成《みつなり》ら西軍に付いた諸大名の領地を削減し、その分を東軍に参加した諸大名へ加増するとともに、自らの直轄地に組み入れて、権力基盤を整えた。その一環として、家康は佐渡金山・石見《いわみ》銀山・生野《いくの》銀山など、国内有数の鉱山を支配下に置き、さらに秀吉の直轄地であった信濃国伊那《いな》・木曽《きそ》などの森林も掌中に収めた。このように家康が良質な森林を確保したのには、わけがあった。当時、城郭を築き、土木工事をするためには、なによりも材木が不可欠であり、天下を握ろうとする家康にとって、それを確保することは重要な問題であったのである。実際に、同八年に江戸幕府が開かれると、同一一年からは江戸城の増築が進められ、追って駿府《すんぷ》城・名古屋城の建設も開始された。これらの建築材を調達するために、伊那・木曽の森林から多数の材木が伐り出されている。また、この時期には、秋田藩の久保田城、土佐藩の河内山《こうちやま》城など、各地で築城が相次ぎ、これにともなって武家屋敷や寺社・町屋などが建設された。こうした莫大な材木需要は、全国の森林を急速に減少させていった。さらに、各地の鉱山周辺でも、坑道を支える坑木や、燃料材・還元剤としての薪炭が大量に生産された。

一七世紀のはじめには、築城や鉱山開発で磨かれた土木技術によって、利根《とね》川など、名だたる大河川の改修工事も実施されている。その結果、氾濫を回避できた中下流の沖積層平野《ちゅうせきそうへいや》に、肥沃な新田が次々と開発されていった。特に慶長～寛文期（一五九六～一六七三）は、新田開発のピークといわれ、この時期には上流の森林までもが耕地として開発された。こうした新田開発の進展は、いきおい肥料の需要を増大させたと考えられる。江戸時代における自給肥料は、主に人糞尿と厩肥《きゅうひ》・刈敷《かりしき》で、後者の二つはいずれも森林に由来する。ところが、新田開発が森林をも対象にして進められたため、地域によっては肥料としての草を刈り採る場所が不足することになった。こうした草需要の増大と採草地の減少を背景に、村々は火入れによって草山の維持・増進に努めるとともに、森林を伐採して新たに草山を創り出そうとした。こうした草需要の大きさは、草を根こそぎ採取する者が現れるほどであった。また、この点に関連して、一七世紀の半ば頃に畿内《きない》や加賀藩・岡山藩などで樹木の根株を掘り起こす行為が頻発していたことにも注目しておきたい。こうした根株は、薪や照明として利用された。

　このように、一七世紀のはじめから半ば頃にかけて国土は大きく変貌し、この過程で、各地の森林は急速に減少・荒廃していった。これにより、一七世紀の半ば以降には、各地で材木や薪炭に事欠くばかりか、水土保全機能の低下も問題となっていくのである。

2　水土保全への着目

水土保全のしくみ　森林に雨が降ると、水は枝葉や幹を伝わってゆっくりと地表に到達し、落ち葉の層に吸収されて、やがて土壌に浸透する。土壌の浸透能力を超えた分は、地表を流れて河川へ注ぐ。優良な森林の土壌は、

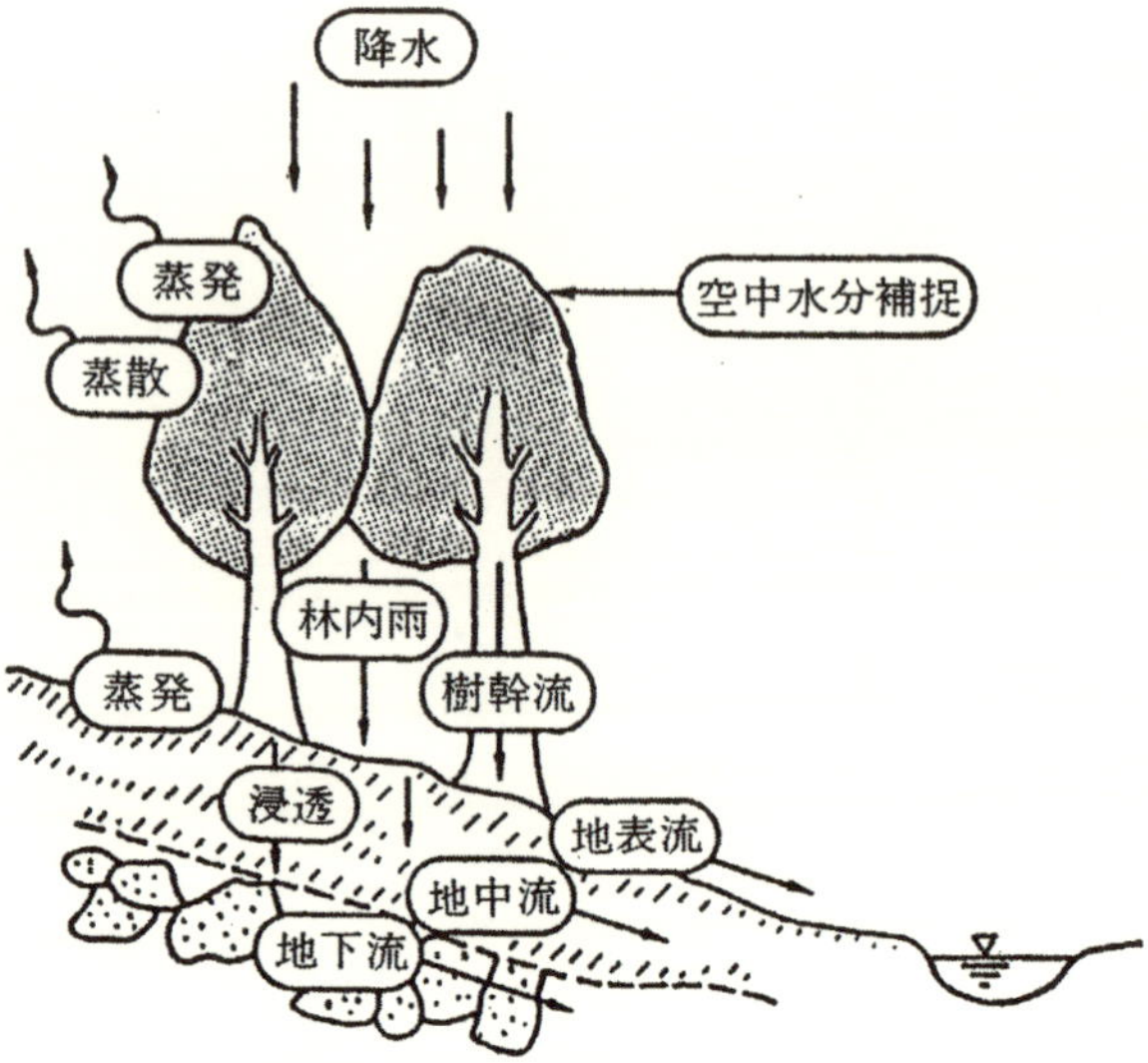

図2−1 森林をめぐる水の動き
只木良也『森林環境科学』（朝倉書店、1996年）90頁より引用。

落ち葉などの有機物が微生物に分解されながら、土壌の粒子と混ざり合うことによってできる団粒《だんりゅう》構造が発達している。この団粒構造は、大小多数のすき間を持つ柔らかな構造であり、水を良く浸透させる。地中に浸透した水は土壌中を移動し、徐々に河川へ注ぐか地下水に加わる（図2－1参照）。したがって、優良な森林を有する河川は、降雨直後にも急に増水せず、晴天が続いても容易に渇水《かっすい》しない。日本は年間の降水量は多いものの、降水の大部分が梅雨・台風・降雪の時期に偏るうえ、河川の勾配が急で水がすぐに海へと注いでしまう。このため、洪水・渇水を防止して、河川の水量を一定に保つ水源涵養の働きが極めて重要となる。

また、こうした水源涵養と密接な関係にあるのが、土砂の流出や崩壊を防ぐ、土砂扞止《どしゃかんし》機能である。団粒構造が発達した土壌は水がしみ込みやすく、地表を流れる水が減少するため、土壌が水で削り取られ、河川へ流れ込むのを防ぐことができる。地表に堆積する落ち葉や下草も、雨で土壌が浸食されるのを防ぐ。さらに、地中に張りめぐらされた樹木の根は、土壌や石をつかまえて土砂崩れを防止する。ある実験によると、全ての樹木を伐採した場所の土砂流出量は、伐採しなかった場所の流出量の約一六倍で、全ての樹木を伐採したうえに根株まで掘り起こした場所の流出量は、なんと伐採しなかった場所の流出量の約一一八倍におよんだという。この破格の数値をみると、樹木の根株を掘り採る行為が、いかに森林の水土保全機能を低下させるかがわかるであろう。

治山治水の森林観　森林が水土保全機能を持つことは、古くから経験的に知られてきた。特に、各地で森林資源の減少が問題となった一七世紀の半ば以降には、森林資源をどのように保護・育成していくべきなのかを論じた〝林政論〟が、為政者の間で醸成・共有されていく。

その有力な論者に、儒学者の山鹿素行《やまがそこう》がいる。寛文五年（一六六五）頃に編纂されたと考えられる「山鹿語類」によると、山鹿は森林を管理する役職を設け、その利用の仕方などについて、それぞれの土地に適した制度を定めるべきであると考えていた。もし、役職が設けられず、制度も充分に整えられなければ、百姓は搬出に便利な河川に近い場所ばかりを伐採するので、森林が減少して土砂が流出し、河川が浅くなるという。そして、こうした伐採が続けば、伐採地も遠方になって運搬費がかさみ、結果的に「国」の利益にならないと主張した。こうした山鹿の林政論は、為政者たちに大きな影響を与えた。たとえば、尾張藩の林政に寄与した佐藤半太夫《はんだゆう》や、弘前藩主で「屏風山」と呼ばれる海岸砂防林の造成に尽力したといわれる津軽信政《つがるのぶまさ》は彼の門人であり、桑名藩主松平定綱《さだつな》が記した「牧民後判」中の「山林の制」も、山鹿の林政論をもとにしたものと考えられている。

また、儒学者であり、岡山藩主池田光政《みつまさ》の側近として活躍した熊沢蕃山《ばんざん》は、貞享三年（一六八六）頃の著作とされる「集義外書」で、森林の持つ水土保全機能を活写している。彼は「山林は国の本」であり、「木草しげき山は、土砂を川中にをとさず、大雨ふれども木草に水をふくみて、十日も二十日も自然に川に出る故に、かたがたもって洪水の憂なし、山に草木なければ、土砂川中に入りて、川どこ高くなり候、大雨をたくはふべき草木なきゆへに、一度に河に落ち入り、しかも川どこ高ければ、洪水の憂あり」（正宗敦夫編『増訂蕃山全集 第二巻』）と記し、山に草木があれば、土砂の河川への流出が抑制され、水もゆっくりと川へ注ぐが、反対に草木がなければ、土砂が流出して川床が高くなり、水も一気に川へ流れ込むため、洪水が起こりやすいと主張した。この熊沢の林政論も、多くの人物に影響を与えた。たとえば、儒学者太宰春台《しゅんだい》の「経済録」は彼の論を踏襲したものといわれ、農政学者田中丘隅《きゅうぐ》の「民間省要」や幕府代官蓑正高《みのまさたか》の「農家貫行」でも熊沢の論がとりあげられた。

もちろん、江戸時代のことであるから、彼らは土壌の団粒構造が果たす役割を、科学的に説明できてはいない。しかし、一七世紀の半ば以降、水を治めるためには山を治めることが肝要であるという治山治水の思想が、一定の広がりを持つようになっていたことは注目に値しよう。

幕府の土砂留め政策

一七世紀後半になると、幕府は治山治水の考え方に基づき、土砂留め政策を推進していくようになる（I－一「『諸国山川掟』と畿内・近国の土砂留制度」参照）。その主要な舞台となったのは、畿内を流れる淀《よど》川・大和《やまと》川の流域であった。万治三年（一六六〇）、幕府老中の稲葉正則《まさのり》らは、山城《やましろ》・大和《やまと》・伊賀《いが》の三か国で樹木の根が掘り採られ、淀川・大和川流域の山々から土砂が河川へ流出している現状を憂慮し、今後は樹木の根を掘り採らず、植林をするよう厳命せよと、奈良奉行の中坊時祐《なかのぼうときすけ》らへ指示している。

さらに、寛文六年（一六六六）には、右の指示を継承する形で、幕府老中の久世広之《くぜひろゆき》・稲葉正則・阿部忠秋《ただあき》・酒井忠清《ただきよ》が、連名で「諸国山川掟」と通称される達書を出した。その内容は、近年草木の根を掘り採る者がいて、その影響により風雨の際に土砂が河川へ流出するので、草木の根を掘り採ることや新規の焼畑を禁止して、上流へ植林するよう命じたものである。この「諸国山川掟」は、実は同五年から一一年にかけて実施された畿内における河川整備事業の一環として発令されたものであった。同事業では、主に淀川やその河口に堆積する土砂を取り除く工事が実施された。幕府は、畿内の山々で草木の根が盛んに掘り採られている状況と、その流域における土砂の流出を結びつけて把握し、山を治めて水を治めるために土砂留め政策を打ち出したのである。

ところが、こうした対策がとられたにもかかわらず、延宝二年（一六七四）には畿内で未曽有の大水害が起こった。淀川流域では、天満橋・天神橋・京橋が流され、河内国《かわちのくに》の枚方《ひらかた》から大坂までは、堤防の決壊によって一面浸水した。その後、延宝四年・同六年にも水害が発生し、幕府は再び治水政策を立案する必要に迫られた。こうして実施されたのが、天和三年（一六八三）～貞享四年（一六八七）の河川整備事業である。同事業は、寛文期の整備事業を継承・発展させたもので、幕府若年寄の稲葉正休《まさやす》らが指揮をとり、商人の河村瑞賢《ずいけん》を畿内

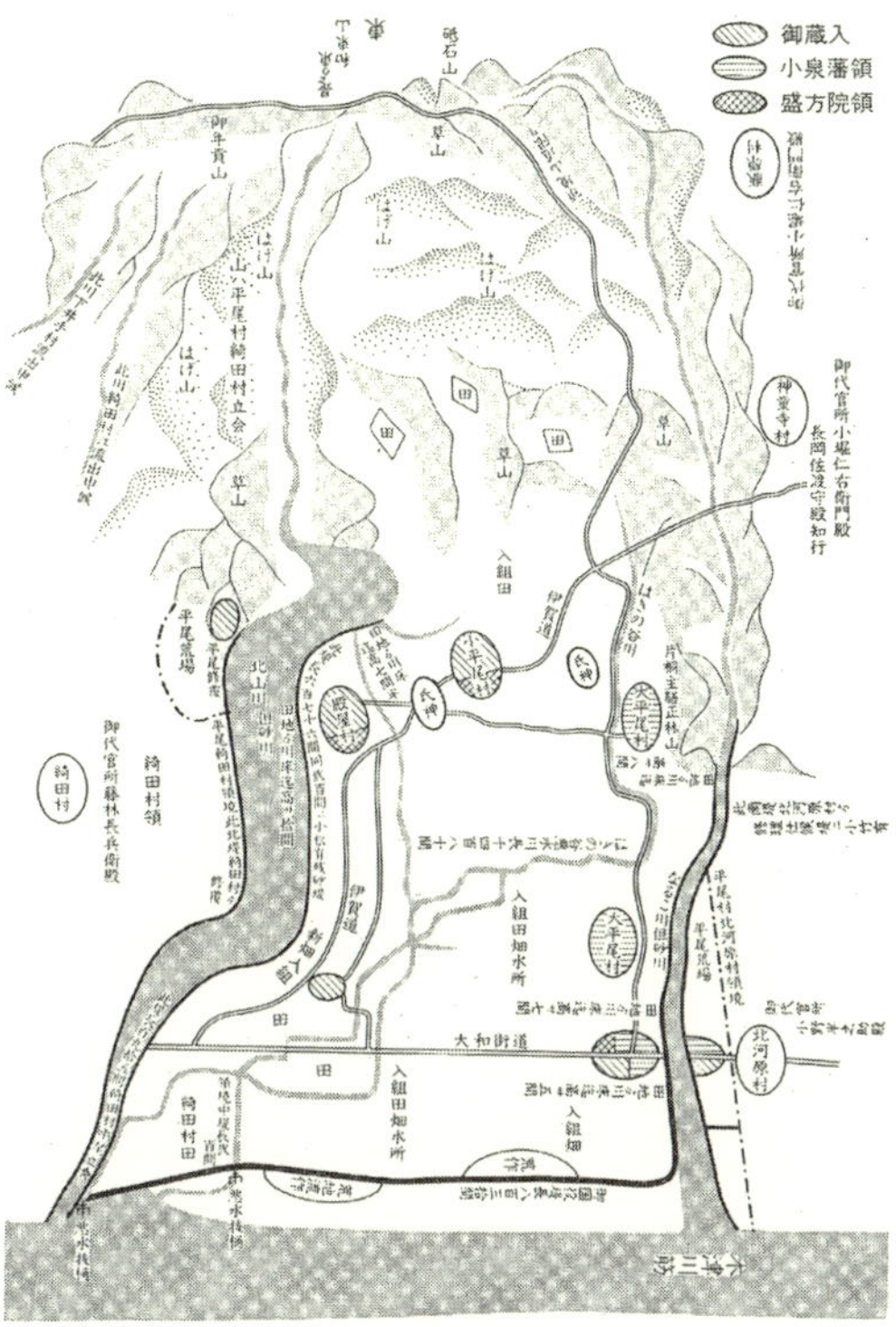

図2−2　山城国平尾《ひらお》村の絵図（貞享元年）
『山城町史 本文編』（山城町役場、1987年）613頁より引用。同村は、淀川水系の木津川流域に位置する。はげ山から土砂が流出し、砂川になっている。

河川の実地踏査に派遣することからはじまった。河村は巨利を得た商人として著名であるが、もうひとつ、土木技術者としての顔も持っていた。稲葉らは、河村に調査結果を踏まえた治水構想を報告させ、これを五代将軍の徳川綱吉《つなよし》に建言した。また、稲葉は幕議で、諸河川の下流域が泥で埋まっている事情を説明し、その対策として、上流の山々における乱伐の禁止と植林の奨励を主張し、認められている。

こうしたなか、貞享元年には、再び土砂留めを主眼とした達書が出されている。その内容は、寛文六年の「諸国山川掟」を踏襲したものであったが、既に開かれた田畑であっても、土砂が流出する場所であれば耕作を放棄して、その跡地へ樹木などを植栽するよう付け加えられた。そのうえで、幕府は畿内近国に本拠を持つ一一人の大名らに対して、家臣を年二～三回ずつ淀川・大和川水系上流の山々へ派遣し、油断なく植林を進めるよう命じ、これを京都町奉行所（のちに大坂町奉行所も加わる）に管轄させた。

この土砂留め制度ともいうべき施策は、幕領や私領が入り交じる畿内近国において、広域の砂防行政が意図された点で画期的であったと考えられる。本制度は、その後、効率的な運用を図って修正も加えられたが、基本的に明治維新期まで存続し、土砂の流出が激しい場所で、盛んに植林や砂防工事が進められた。植林は、森林荒廃という土砂流出の根本的要因を取り除くことはできるが、成林して効果が出るまでには時間がかかる。そこで、比較的即効性のある砂防工事を植林に組み合わせるという、実践的な土砂留め対策がとられていったのである。

諸藩の土砂留め政策

各地の諸大名も、進行する森林の減少や荒廃、それによる水土保全機能の低下に対して、手をこまねいていたわけではない。尾張や弘前《ひろさき》・秋田・土佐《とさ》など、良質な森林を豊富に有していた藩でも、一七世紀の後半には森林の減少が問題となり、「留山」と呼ばれる禁伐林や直轄林が盛んに設定されたり、担当の役人が整備されたりと、森林の保護に力が入れられるようになった。

こうしたなかで、比較的早い時期から森林の土砂扞止機能が低下し、その対策に乗り出したのが岡山藩である（Ｉ－二「岡山藩における森林荒廃と土砂流出」参照）。瀬戸内海に面する同藩では、一七世紀の中期から後期にかけて草木の根を掘り採る行為が頻発し、役人の頭を悩ませていた。ちょうどその頃、藩主池田光政の信任を得ていた熊沢蕃山も、のちに「集義外書」で、「かくい」と呼ばれる根株が掘り採られることを危惧し、そのリスクを説いている。こうした草木の激しい利用によって、領内の各地では、草木が容易に生育しないはげ山が出現し、大量の土砂が河川へ流出するようになっていった。こうした森林のはげ山化には、瀬戸内海沿岸の地質が花崗岩《かこうがん》でできており、さらに降水量が比較的少ないという条件も影響していた。そこで、同藩は一七世紀の末頃からマツの植栽や留山の指定などによって、はげ山を緑豊かな森林へ回復させようとした。また、一八世紀の後半には、村々からも土砂の流出箇所へマツを植栽したいとの出願が出された。特に、浅口郡竹川流域では、マツ林の育成と砂防工事を組み合わせた実践的な対策が、関係村々によって主体的に計画された。

また、尾張藩でも、庄内川の大洪水などを契機にして、一八世紀の後半から、土砂流出を防ぐ「砂留林」が積極的に設定されるようになった（Ｉ－三「尾張藩の砂留林と水野千之右衛門」参照）。庄内川の上流は、窯業《ようぎょう》が盛んな地域であったため、陶土《とうど》の採掘や、燃料となる薪炭の生産によって山々は荒廃し、土砂が流出しやすい状況にあった。その結果、風雨の際に土砂が川底へ堆積し、洪水が頻発する要因となっていたのである。一方で、藩は庄内川《しょうない》の分流工事にも取り組んだ。そのとき活躍したのが、普請奉行に起用された水野千之右衛門《せんのえもん》である。この水野の治水に対する考え方は、没後一〇年を経過した天保四年（一八三三）、門弟の沢重清によって「岷山先生治水伝」としてまとめられた。これによると、「岩なき浅き山に覆ふべき雑木なき時は、夏は日当たりて山を乾かし、冬は凍あがりて土を砕き、春雨に逢ふては土砂を一時に押し出して川々を埋める事夥《おびただ》し」とあり、水野が森林の持つ土壌の浸食防止作用に着目していたことがわかる。また、水野は「山谷に草木なき時は、常に湧き出る水乏しくして用水不足し、農民耕作の力を失ひ」、「雑木茂る時は水気自ずから生じ、其の上雨降れば落葉に水を含み、谷水常に絶えずして用水乏しからず」とし、用水の確保という観点から、「水源の山谷」を保護・育成することも説いている（名古屋市教育委員会編『名古屋叢書 第十一巻』）。このように、水野は森林の持つ水土保全機能を重視し、これを組み込みつつ治水論を構想したのであった。

水源涵養と稲作

江戸時代には、中下流の沖積層《ちゅうせきそう》平野を中心に新田開発が進み、やがてその勢いは森林や砂丘の後背湿地にまでおよんだ。その過程で、より重要性を増したのが、水野千之右衛門の説くような森林の持つ水源涵養の働きである。このため、農業用水を確保するために、多くの藩で水源涵養林が育成された。その名称をあげるだけでも、「田山」（弘前藩）、「水野目林」（秋田藩）、「水の呑林」（盛岡藩）、「用水山」（仙台藩）、「用水林」（庄内藩・徳島藩）、「水林」（米沢藩）、「養水林」（会津藩）、「御用水立木」（前橋藩）、「水持林」（金沢藩）、「水根林」（幕領美濃）、「水持山」（宇和島藩）、「水上山」（人吉藩）、「用水山」（薩摩藩）など多岐にわたる。

こうした水源涵養林と水田稲作との関係を考えるうえで興味深いのが、熊本藩の事例である（Ⅱ－三「熊本藩における水源涵養林と植林事業の展開」参照）。同藩では、宝暦期（一七五一～六四）の藩政改革で林政機構が整備されてから、御山支配役《おやましはいやく》や惣庄屋《そうじょうや》らによって、盛んに植林が進められるようになった。たとえば、御山支配役の木原才次《さいじ》は、寛政五年（一七九三）に大矢《おおや》山における植林に着手した。大矢山は、一八世紀初頭の乱伐などによって荒廃し、水源が枯渇する事態に陥っていた。そこで、木原は文化六年（一八〇九）に病没するまでの間、スギやヒノキの植林に励み、大きな成果を上げている。同一三年には、その功を褒賞する目的で頌徳碑《しょうとくひ》が建てられた。

また、阿蘇《あそ》山を構成する山々の一つである深葉《ふかば》山では、惣庄屋によって、文政期（一八一八〜三〇）に植林が開始された。惣庄屋がその背景を説明した史料によると、一八世紀の半ば頃から深葉山の森林が炭焼きなどのために伐採された結果、麓の水田に水を供給する菊池《きくち》川の枯渇が危ぶまれるようになったという。この菊池川は、米所の菊池平野に用水を供給しており、この水源を涵養するために深葉山の植林が計画されたのである。

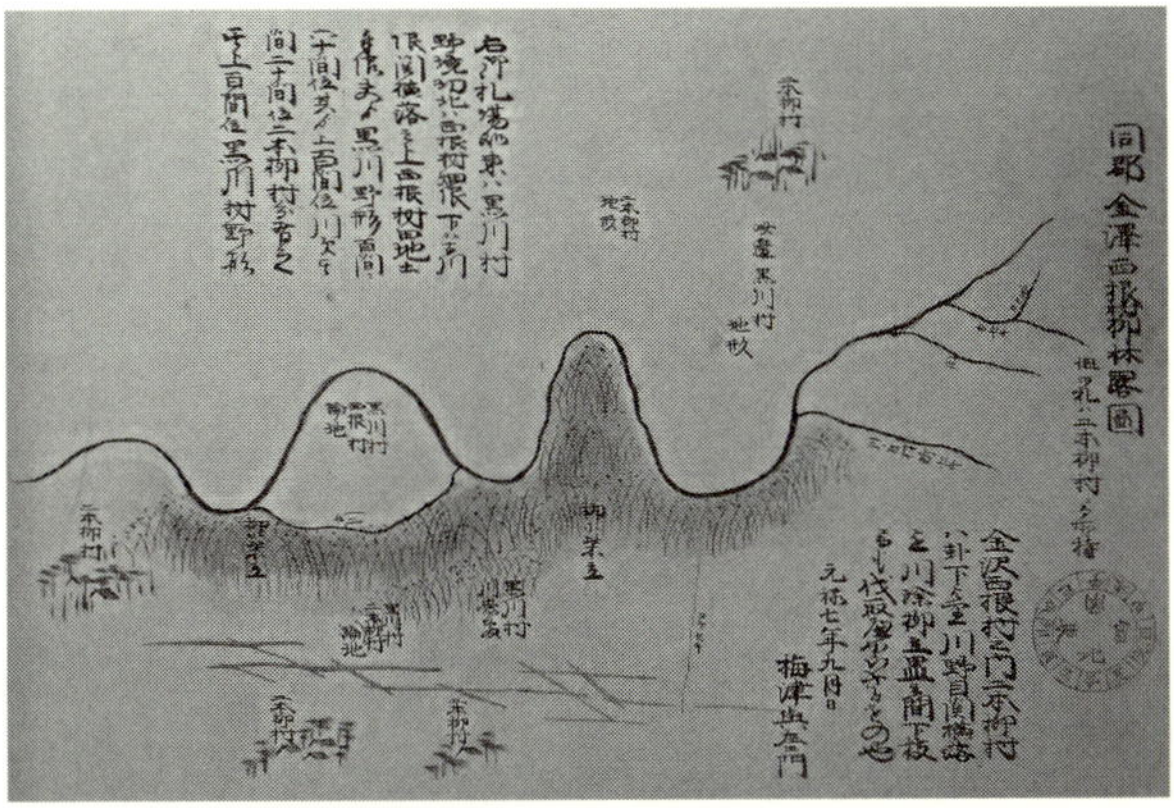

図２−３　秋田藩領仙北郡金沢西根村の川除け柳

「仙北郡御札山略図」（秋田県公文書館所蔵）より。幕末〜明治期の写本と推察される。秋田藩では、洪水から耕地や屋敷を守るため、川原に柳を育成することも奨励された。

　ところで、遠藤安太郎編『日本山林史 保護林篇 上』から、江戸時代における水源涵養林の全国的な動向を探ってみると、東北地方に比較的多くの事例が残されているように見受けられる。たとえば、秋田藩では「水野目林」と呼ばれる水源涵養林が、各地で設定されていた（Ⅱ－一「秋田藩における水野目林の保護・育成」参照）。それは、「御札《おふだ》山《やま》」という形式で指定され、樹木の下枝や、地面に生えている草でさえ、採取することが厳禁された。こうした「水野目林」の数は、一九世紀のはじめの時点で約三〇〇に昇り、森林の乱伐と河川の渇水を経験的に結びつけた村々によって、強力に保護・育成された。また、弘前藩では「田山」の名称で水源涵養林が設定され、やはり強力に保護されていた（Ⅱ－二「弘前藩における田山と村々」参照）。同藩は、飢饉の年に領内の留山などを開放し、百姓を救済する「御救山」制度を採用していたが、それが発令されたときでさえ、「田山」の伐採は許されなかったという。

このように、水源涵養林の設定が、東北地方、それも日本海側で特に重視されていた背景には、降雪の影響があると考えられる。豪雪地帯では、春になると土壌の養分が豊富に溶け込んだ、大量の雪解け水に恵まれた。ただし、雪解け水を稲作などへ活用するためには、河川上流の森林を適切に管理することが不可欠であった。もし、これらの森林が荒廃して、水源涵養機能を充分に発揮できなければ、雪解け水は田植え前に一気に河川を流れ去ってしまい、場合によっては洪水となって田畑や屋敷を襲うからである。

【参考文献】

遠藤安太郎編『日本山林史 保護林篇 上』（日本山林史刊行会、一九三四年）、遠藤安太郎編『日本山林史 保護林篇 資料』（日本山林史研究会、一九三六年）、遠藤安太郎編『山林史上より観たる東北文化之研究』（日本山林史研究会、一九三八年）、徳川宗敬「江戸時代に於ける林業思想」（『山林』六八六～六九五、一九四〇年）、所三男「林政史」（『社会経済史学』一〇―九・一〇、一九四一年）、廣瀬豊編『山鹿素行全集思想篇 第五巻』（岩波書店、一九四一年）、所三男「木曽・飛驒の林業」（地方史研究協議会編『日本産業史大系五 中部地方篇』東京大学出版会、一九六〇年）、名古屋市教育委員会編『名古屋叢書 第十一巻』（名古屋市教育委員会、一九六二年）、秋田県編『秋田県史 第二巻 近世編上』（秋田県、一九六四年）、大石慎三郎『江戸時代』（中央公論社、一九七七年）、狩野亨二『江戸時代の林業思想研究』（日本林業調査会、一九七七年）、正宗敦夫編『増訂蕃山全集 第二巻』（名著出版、一九七八年）、塚本学「諸国山川掟について」（信州大学人文学部『人文科学論集』一三、一九七九年）、所三男『近世林業史の研究』（吉川弘文館、一九八〇年）、全国治水砂防協会編『日本砂防史』（全国治水砂防協会、一九八一年）、『山城町史 本文編』（山城町役場、一九八七年）、千葉徳爾『増補改訂 はげ山の研究』（そしえて、一九九一年）、加藤衛拡「近世の林業と山林書の成立」（佐藤常雄ほか編『日本農書全集五六 林業一』農山漁村文化協会、一九九五年）、只木良也『森林環境科学』（朝倉書店、一九九六年）、青木美智男「近世尾張国知多郡の『雨池』保安林」（『知多半島の歴史と現在』一〇、一九九九年）、池上裕子『織豊政権と江戸幕府』（講談社、二〇〇二年）、水本邦彦『草山の語る近世』（山川出版社、二〇〇三年）、村田路人『近世の淀川治水』（山川出版社、二〇〇九年）、只木良也『新版 森と人間の文化史』（日本放送出版協会、二〇一〇年）、木村茂光編『日本農業史』（吉川弘文館、二〇一〇年）、春田直紀「阿蘇山野の空間利用をめぐる時代間比較史」（湯本貴和編『野と原の環境史』文一総合出版、二〇一一年）、渡部圭一・芳賀和樹・福田恵・湯澤規子・加藤衛拡「阿仁銅山山麓における山村社会の森林資源管理」（『筑波大学農林社会経済研究』三〇、二〇一四年）※Ⅰ「山を治める」、Ⅱ「水源を育む」の各参考文献も参照

三　列島を襲う風・飛砂・潮と〝緑の屏風〟

1　強風と屋敷林

列島を駆け抜ける風　日本では、「季節風」（モンスーン）といって、夏と冬とで風向きが異なる。夏は南東方向から、冬は正反対の北西方向から風が吹くことが多い。また、冬と春との変わり目には南から温かく強い風が吹き、秋と冬との変わり目には北よりの冷たく強い風が吹く。このように、日本では年間を通してさまざまな風が吹き、それを表現する言葉も「春一番」「やませ」「木枯らし」「からっ風」「筑波おろし」など多数ある。これらの風は、古くから農作業や加工業などに活用され、近年では発電にも用いられているが、一方では生活環境を損なわせたり、農作物の収穫量を低下させたりしてきた。夏から秋にかけて列島をしばしば襲う台風は、この最も顕著な例であろう。生業・産業と暮らしの歴史は、こうした風を抜きにしては語れない。

ここでは、強風に備えて日本の各地で保護・育成された、防風林に注目してみよう。防風林があると、吹き付けた風の一部は上方にそれ、残りの風は林のなかを吹き抜ける過程で、樹木の幹や枝葉の摩擦抵抗によって速度を落とす。七列ほど樹木が並ぶ林では、その樹高の三五倍の距離まで、風を弱める効果があると考えられている（図3－1参照）。昭和五〇年（一九七五）に八丈島《はちじょうじま》を襲った、最大瞬間風速六七・八メートル毎秒の台風一三号は、

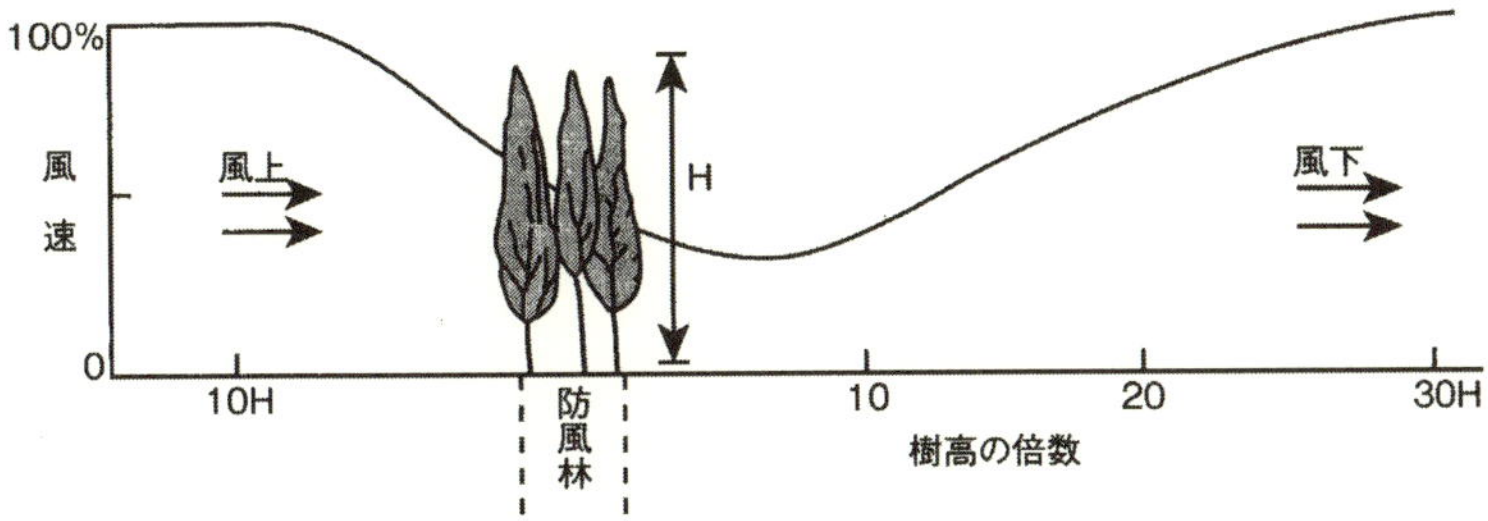

図３−１　防風林が風を弱める効果の模式図
只木良也『新版 森と人間の文化史』（日本放送出版協会、2010年）137頁より引用。

住宅の三分の一を被災させ、二七五棟を全壊させたが、その被害は観光開発などによって防風林を伐採したところに集中したという。

屋敷林の特徴　風と暮らしとの関わりを考えるうえで、格好の素材となるのが屋敷林である（Ⅲ－一「屋敷を守る防風林」参照）。近年では、都市化などの影響もあって、各種用地への転用を目的に伐採されてしまったところも少なくないが、日本では、古くから屋敷のまわりに思い思いの樹木が植栽・育成されてきた。

昭和三〇年（一九五五）代頃、東北から九州地方までの屋敷林を調査した中島道郎氏によると、その構成樹種には地域性があった。東北日本では針葉樹や落葉広葉樹の割合が高いが、それらは西南日本に行くにしたがって次第に低くなり、これに代わって常緑広葉樹（照葉樹）の割合が高くなるという。

また、風向きとの関係に着目してみると、砺波平野《となみ》（富山県）などの一部を除けば、多くの屋敷林が冬の季節風に備えて、主に北・西の方角に仕立てられていた。他方、砺波平野では年間を通じて南西の風が吹き、夏季には南方の山から乾燥した高温の風（フェーン）がおりてくるので、これを防ぐために屋敷の南・西側に林を設けることが多かった。さらに、これらの屋敷林には、防風以外にも木材や食料の入手などが期待されていた点も見逃せない。

表3—1 昭和三〇年代頃における屋敷林の主要な樹種と植栽年代（推定）

地方	地域	江戸初期	江戸中期	江戸後期	幕末〜明治期	大正期以降
東北	津軽平野	ケヤキ	ケヤキ	—	トウヒ・スギ・ヒバ・サワラ・クロマツ・イチイ・ケヤキ	スギ・ヒノキ・クロマツ・トウヒ・ヒバ・サワラ・ケヤキ
	庄内平野	アカマツ・ケヤキ	ケヤキ	—	ヒバ・アカマツ・スギ・ケヤキ	スギ・ヒノキ・アカマツ・ヒバ・ケヤキ
	仙台平野	—	—	—	スギ・ケヤキ	スギ・ヒノキ・ケヤキ
関東	武蔵野	—	スギ	スギ	スギ・ケヤキ	スギ・ヒノキ・ケヤキ・シラカシ
	九十九里平野	—	クスノキ	—	スギ・クロマツ	スギ・クロマツ
中部	砺波平野	スギ・ヒノキ	スギ・ヒバ	スギ・ヒバ・ケヤキ	スギ・ヒバ	スギ・ヒバ・ケヤキ
	松本平	—	スギ・コウヤマキ・ケヤキ	スギ・ヒノキ・サワラ・ケヤキ	スギ・ヒノキ・サワラ・アカマツ・ケヤキ	スギ・ヒノキ・サワラ・ケヤキ
	尾張平野	—	—	—	シラカシ	スギ・ヒノキ・マキ・シラカシ
近畿	奈良盆地	カヤ	—	スギ	スギ・ヒノキ	スギ・ヒノキ・ケヤキ
中国	簸川平野	—	クロマツ	クロマツ	クロマツ・マテバシイ	マテバシイ
	津山平野	—	—	アカマツ	アカマツ	アカマツ・スギ・ヒノキ・サワラ
四国	讃岐平野	—	アカマツ・モミ	アカマツ	スギ	スギ・クスノキ
	高知平野	—	クスノキ	スギ・ヒノキ・ケヤキ	スギ・ヒノキ・マキ	スギ・マキ
九州	熊本平野	—	—	—	クスノキ・ツバキ	スギ・ヒノキ・マキ・ヒバ
	宮崎平野	—	—	イスノキ	—	スギ・ヒノキ・マキ・マテバシイ

中島道郎『日本の屋敷林』（森林殖産研究所、一九六三年）二四四頁より作成。

それでは、こうした屋敷林は、いつ頃から植栽・育成されてきたのであろうか。〔表3－1〕は、昭和三〇年代頃における屋敷林の主要な樹種について、その植栽年代を推定し、一覧したものである。これによると、多くの地域で、江戸時代から屋敷林が植栽・育成されてきたことがわかる。その背景には、強風などに備えようとした百姓の工夫や、幕府・諸藩による植林の奨励があったと考えられる。

また、江戸時代の農学者であり、元禄九年（一六九六）に「農業全書」をまとめたことで知られる宮崎安貞《やすさだ》も、同書のなかで屋敷林の育成を推奨した。彼は、屋敷林の効用として、①寒風を弱められること、②盗賊の侵入を防げること、③火災の際の類焼を防止できること、④枝葉を薪として利用できること、⑤落葉を肥料として利用できること、⑥間伐《かんばつ》材を利用できることなどをあげている。この「農業全書」は、百姓のために書かれた農業技術書で、同一〇年に刊行されてから天明期（一七八一～八九）・文化期（一八〇四～一八）・文政期（一八一八～三〇）と版を重ね、高価ではあったものの全国的な規模で普及した。江戸時代における屋敷林の植栽・育成には、同書の影響もあったと推測される。

2　海岸林の役割

列島を襲う飛砂・潮風・高潮・津波　日本は、いうまでもなく海に囲まれた島国である。そのため、沿岸部に暮らす人びとは、塩分を多く含んだ潮風に古くから悩まされてきた。強風によって運ばれた塩類が農作物に付着すると、色が変化したり、生長が阻害されたりして、場合によっては枯れてしまう。さらに、台風が通過したときなどには潮位が異常に上昇し（高潮《たかしお》）、海水そのものが沿岸部を襲うこともある。この高潮は、地震による津波（地震津波）に対して、風津波（暴風津波）と呼ばれる。

また、日本は急峻な山地と勾配の急な河川を有するため、山地で生じ、河川に流れ込んだ土砂は河口に到達し、海岸に打ち上げられて砂浜を形成する。こうした砂は極めて軽いため、海からの強風によっていっせいに巻き上げられ、風に乗って内陸部へと飛んでいく。この飛砂《ひさ》の被害は驚くべきもので、かつて山形の庄内《しょうない》地方では、「一夜にして家一軒を埋める」ともいわれたほどである。さらに、飛来した砂粒の表面には塩分が付着しているため、耕地に堆積すれば農作物が枯れてしまう。

このような海岸特有の災害を防ぐため、長い年月をかけて植栽・育成されてきた林が海岸林である。海岸林があれば、樹木が砂浜を覆うことで飛砂そのものを少なくすることができ、舞い上がった砂や吹き付ける潮風も、枝葉の摩擦抵抗によって遮断できる。また、海岸林は、高潮や津波の一部を遮断し、残りの水流を樹木の摩擦抵抗によって減速させ、波にともなう漂流物の侵入を阻止する。なお、植栽された樹種は、多くがマツである。マツが選ばれたのは、景観を重視してのことではなく、塩分が含まれる砂地でも生育し、年中塩分を含んだ風や飛砂などにさらされるという環境にも比較的耐えられるからである。

江戸時代の新田開発と海岸林

こうした海岸林が、各地で本格的に植栽されるようになるのは、一七世紀の半ば以降である。この時期から、各地で海岸林が植林されるようになった背景の一つには、新田開発の展開があったと考えられる。先に述べたように、一七世紀はじめの新田開発は、治水事業によって河川の氾濫を防ぎ、灌漑《かんがい》用水を確保することで平野部を対象に進められてきた。ところが、平野部の開発が一段落したこの時期には、海岸にほど近い砂丘や、その後背湿地《こうはいしっち》が開発の対象となった。その際、大きな障害になったのが、海からの強風・

潮風と飛砂であった。せっかく新田を開発しても、これらを防げなければ収穫は期待できない。そこで、諸藩は砂丘や後背湿地の新田開発を成功させるため、積極的に海岸林を植栽し、その後の手入れにも力を入れた。

こうした新田開発の展開と海岸林の植栽との関係を雄弁に物語るのが、弘前《ひろさき》藩の事例である。同藩は、江戸前期から岩木《いわき》川中下流域、五所川原《ごしょがわら》・木作《きづくり》以北の新田開発に努めたが、木作新田の開発を進めるにあたって、津《つ》軽《がる》半島西海岸の鰺ヶ沢《あじがさわ》から十三湖《じゅうさんこ》にかけて存在した七里長浜《しちりながはま》の砂丘が問題となった。冬の季節風で舞い上がった大量の砂が、木作新田に押し寄せたのである。そこで、天和二年（一六八二）、藩はこの地域の新田開発を進めていた広須《ひろす》新田所々御普請奉行の野呂理左衛門《のろりざえもん》らを、仕立頭と呼ばれる海岸林植栽の担当者に任命した。野呂家は、初代太左衛門から新田開発に従事し、二代武左衛門のときに知行高五〇石の下級武士となった家柄で、三代目にあたる理左衛門以後は、数代にわたって海岸林の植栽に努めている。

その結果、元禄一六年（一七〇三）までの約二〇年間に、合計約七〇万本のクロマツやスギ・雑木が根付き、さらに享保期（一七一六～三六）にも、約一七万本の雑木が根付いたといわれている。実際の植林作業では、山下六六か村の百姓が徴発され、苗木の植穴に粘土を入れて根付きを良くし、苗木を守るためにワラやカヤで風除けをつくるなどの工夫が施された。こうして弘前藩で造成された海岸林は、その強風や潮風・飛砂から新田や村々を守る姿を屏風に見立て、「屏風山《びょうぶやま》」と呼称されるようになった。この屏風山の存在によって、田畑の開墾は数千町歩にもおよび、従来の田畑の収穫高も倍増したといわれる。

内陸部の森林減少・荒廃と海岸林　一七世紀の半ば以降に、各地で海岸林が造成されるようになった二つ目の背景として、内陸部における森林の減少・荒廃の影響を考えてみたい。再述となるが、一七世紀のはじめには、

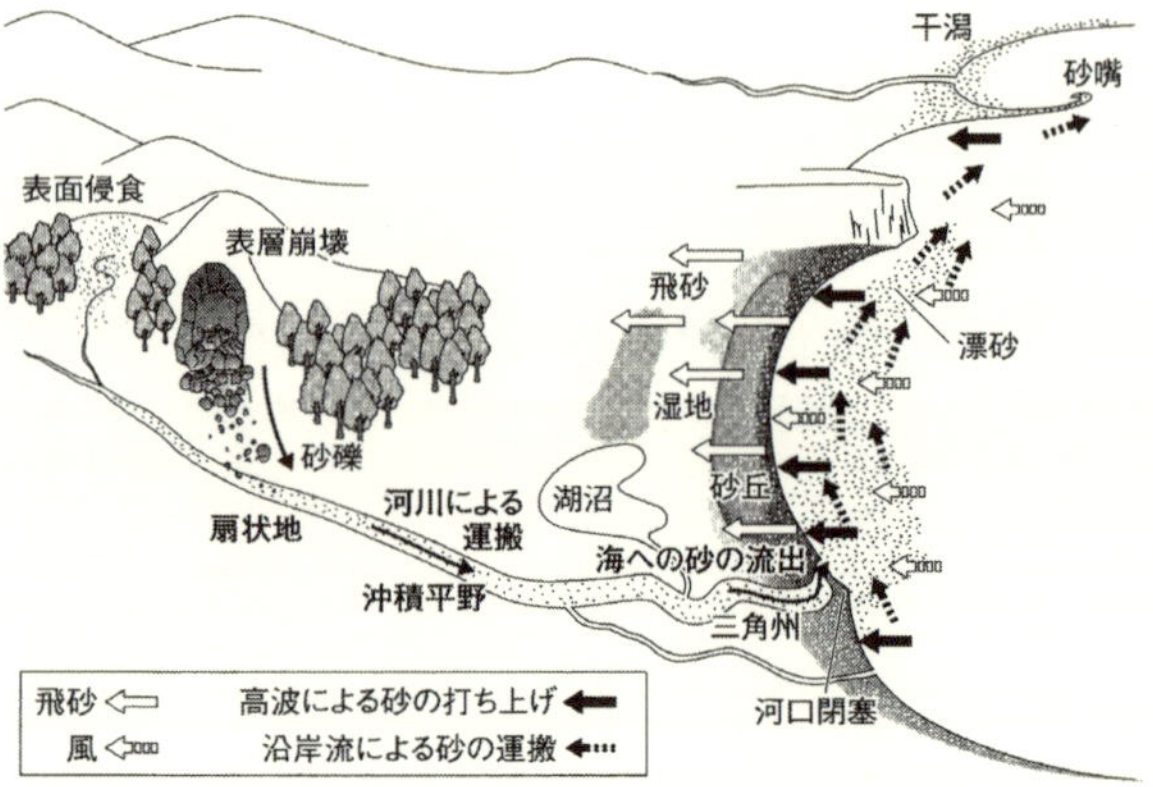

図３−２　飛砂が発生するしくみ
太田猛彦『森林飽和』（NHK出版、2012年）37頁より引用。河口に到達した土砂は沿岸流によって運ばれ、高波によって海岸に打ち上げられる。

建築用材などを獲得するために全国各地の森林が乱伐された。そのうえ、森林を伐採して採草地につくりかえたり、草木を根こそぎ掘り採ったりする行為が繰り返された結果、森林の持つ土砂扞止《どしゃかんし》機能が大きく低下した。その影響は、一七世紀の後半以降、河川への土砂流出と川底の上昇、これによる洪水の多発といった形で噴出した。ところが、河川への土砂流出が誘発した問題は、これだけでは済まなかったようである。ここで傾聴したいのは、森林水文学・砂防工学などを専門とする太田猛彦氏の説である。太田氏は、江戸時代初頭に実施された急激な国土開発による山地・森林の荒廃が、河川へ土砂を流出させ、それによって各地の海岸に砂が増えたことが、一七世紀後半以降、多くの藩でいっせいに海岸林の造成がはじまった理由であると述べている（図３−２参照）。この説にしたがうと、内陸部における森林の減少や荒廃が、やや時間をおいて、沿岸部に飛砂の被害をもたらしたと理解できる。

秋田県北部の米代《よねしろ》川河口に位置する能代《のしろ》（能代市）も、江戸時代、飛砂に悩まされたところである。米代川上中流域では、一七世紀のはじめから盛んにスギが伐採され、その支流の阿仁《あに》川流域では、当時有数の出銅を誇った阿仁銅山向けの坑木・薪炭が大量に生産された。こうした森林の伐採が、米代川への土砂流出を加速させたことは想像に難くない。これを裏付けるように、藩は正徳期（一七一一～一六）になると、能代町庄屋の村井久右衛門と船問屋の越後屋太郎右衛門に飛砂対策を命じている。その後、両者によって一八世紀後半までに、同町西南部の一帯へ多くのマツが植栽された。しかし、文政期（一八一八～三〇）には再び飛砂が問題となり、木山方吟味役の賀藤清右衛門《かとうせいえもん》が天保期（一八三〇～四四）までに約七七万本のマツを植栽したという。ちなみに、賀藤はのちに神格化され、景林神社に祀られている。

　これまで林政史の研究分野では、内陸部の森林の減少・荒廃と、沿岸部の飛砂被害、海岸林の植栽を、総合的に検討してはこなかったように思われる。今後は両者の関係の実態を、地域ごとに追究する必要があろう。

砂防の日本海側・防潮の太平洋側　ところで、江戸時代の海岸林を日本海側と太平洋側で比較してみると、興味深い事実が浮かび上がる。遠藤安太郎編『日本山林史 保護林篇 上』には、江戸時代の海岸林に関するさまざまな事例が簡潔にまとめられている。これによると、飛砂の防備を目的とした海岸林（海岸砂防林）は日本海沿岸で発達しており、潮害の防備を目的とした海岸林（防潮林）は太平洋沿岸で早く発達したという。それは海岸林の名称にも表れており、「砂」の一字を冠したものは「砂留並田方風除林」（弘前藩）、「砂込山」（金沢藩）、「砂除塩風囲」（鳥取藩）など日本海沿岸に多い。一方、「潮」や「浪」の一字を含んだものは「潮除林」（盛岡藩・磐《いわ》城平《きだいら》藩）、「潮除並木」（中村藩）、「潮霧須賀松」（仙台藩）、「風潮林」（水戸藩）、「浪囲林」（徳島藩）、「塩風除林」（薩摩藩）など太平洋沿岸に多かった。ただし、これらの海岸林は、実質的には両方の機能を兼ね備えており、より重視された機能が名称に反映されたものと思われる。

　このうち、海岸砂防林が太平洋沿岸よりも日本海沿岸で重視されたのは、冬に北西の方角から強い風が吹きつ

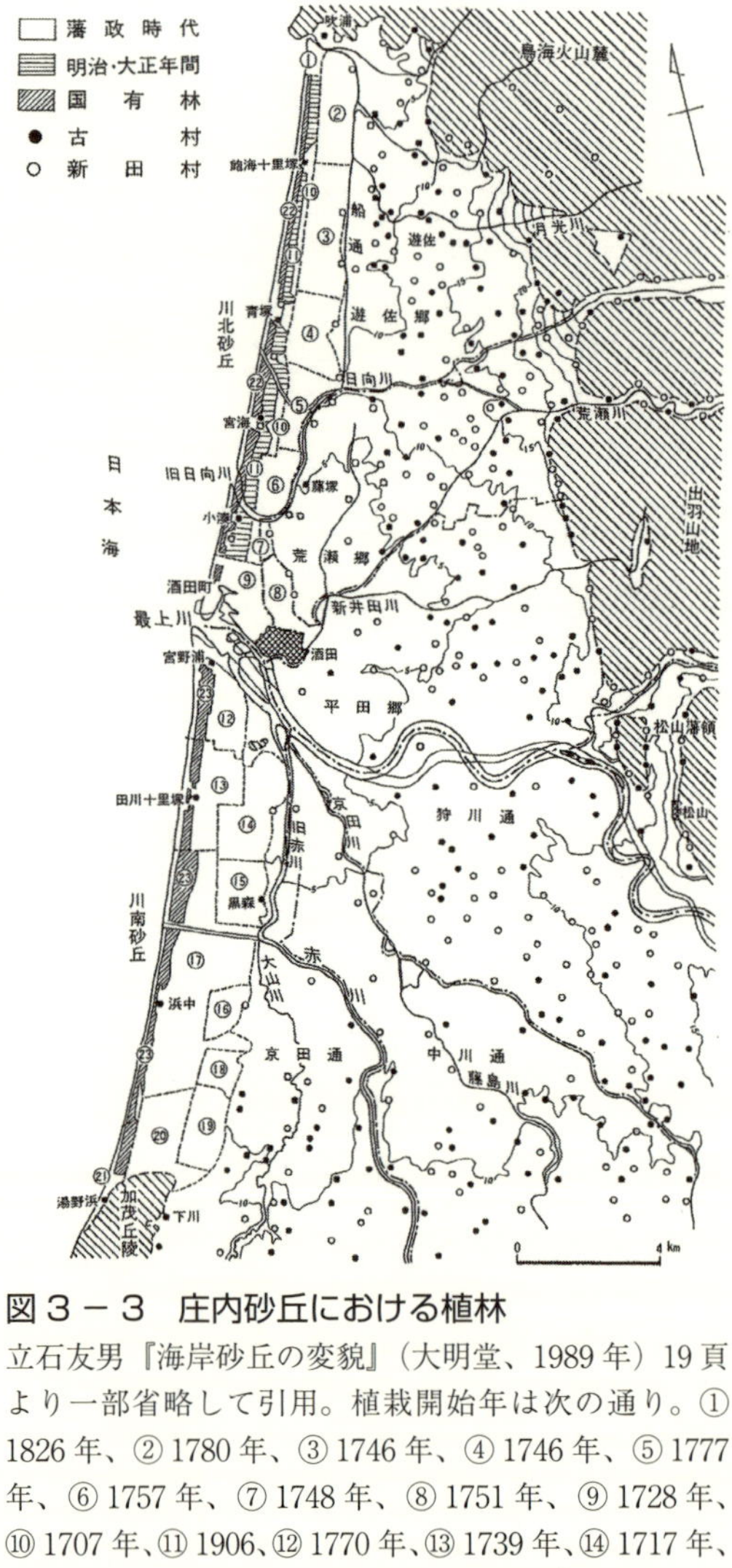

図３－３　庄内砂丘における植林

立石友男『海岸砂丘の変貌』（大明堂、1989年）19頁より一部省略して引用。植栽開始年は次の通り。① 1826年、② 1780年、③ 1746年、④ 1746年、⑤ 1777年、⑥ 1757年、⑦ 1748年、⑧ 1751年、⑨ 1728年、⑩ 1707年、⑪ 1906、⑫ 1770年、⑬ 1739年、⑭ 1717年、⑮ 1720年、⑯ 1770年、⑰ 1622年頃、⑱ 1759年、⑲ 1705年、⑳ 1736～41年頃、㉑ 1781～89年頃、㉒ 1951年、㉓ 1901年。④は町人佐藤藤蔵、⑨は豪商本間光丘ら、㉒は酒田営林署、㉓は鶴岡営林署による植栽で、ほかの多くは村主体の植栽。

け、飛砂が内陸の比較的奥深くまで侵入したためと考えられる。こうした日本海沿岸における海岸砂防林として有名なのが、庄内砂丘の海岸林である（図３－３参照）。庄内藩が、本格的な海岸林の植栽に着手したのは、砂丘の後背湿地における新田開発が一段落した一八世紀初頭であった。藩は、川北砂丘と川南砂丘のそれぞれに植付役を置き、森林の保護や植栽の実地指導を命じた。ところが、特に川北砂丘では植林が思うように進まなかったため、藩は一八世紀の半ばになると、地元の有力者も募って海岸林の植栽にあたらせた。また、一八世紀後半以降には、酒《さか》田《た》町（山形県酒田市）周辺でも海岸林の植栽が進められた。その立役者となったのが、豪商《ごうしょう》として知られる本間光丘《ほんまみつおか》と、その嫡子光道である。本間父子は私財を投じて植林に力を入れ、大きな成果を上げた。光岡没後の文化一二年（一八一五）には、功績を讃える石碑も建てられた。このほか、酒田町で醸造業を営んでいた佐藤藤左衛門《とうざえもん》・藤蔵《とうぞう》父子も植林に尽力し、「出羽国飽海郡遊左郷西浜植付縁起」と題した記録を残している。

また、越後国新潟町（新潟県新潟市）の海岸林も、飛砂の防備を主な目的としたものであった（Ⅲ－二「越後国新潟町の海岸砂防林と新潟奉行川村修就」参照）。その歴史は古く、元和二年（一六一六）から長岡藩によって植林が開始され、天保一四年（一八四三）に幕府直轄領となってからは、歴代の新潟奉行が事業を継続した。特に初代新潟奉行を勤めた川村修就《ながたか》は、海岸に沿って長大な砂防林を造成している。

一方、太平洋沿岸では、防潮を主な目的にして海岸林が植栽された。その代表的な事例は、仙台藩のクロマツ林である。同藩で海岸林の造成が開始されたのは、この地域で新田開発が進展した一七世紀半ば以降のことであった。名取郡や宮城郡の海浜では、潮害や飛砂から田地や集落・町場を守るため、藩士や地元の村がクロマツの植栽に尽力している。また、牡鹿郡などでは、波除けや潮除けのために築かれた土堤とセットで、クロマツが植栽された（Ⅲ－三「仙台藩の防潮林と村の暮らし」参照）。

この点は、徳島藩の事例からも確認できる。同藩の浜辺には、「浪防」のために堤が築かれ、その上には「潮風防」のためにマツが植栽された。さらに、「大風の節、潮風吹き入れ申す御手当」として植林された経緯から、「枝打等」は禁じられていた（遠藤安太郎編『日本山林史 保護林篇 上』）。マツの枝を打ってしまっては、潮風を防ぐ機能が低下してしまうからである。

以上のように、江戸時代には、各地で防風林や海岸林が積極的に植栽された。こうした〝緑の屏風〟が、日本列島を襲う強風や飛砂・潮風・高潮などから、人びとの暮らしを守ってきたのである。

【参考文献】

秋田県林務課『秋田県海岸砂防造林史』（秋田県林務課、一九三三年）、遠藤安太郎編『日本山林史 保護林篇 上』（日本山林史刊行会、一九三四年）、大日本山林会編『郷土を創造せし人々（海岸砂防篇）』（大日本山林会、一九三四年）、遠藤安太郎編『日本山林史 保護林篇 資料』（日本山林史研究会、一九三六年）、中島道郎『日本の屋敷林』（森林殖産研究所、一九六三年）、新潟市役所編『新潟市史 上巻』（名著出版、一九七三年）、立石友男「津軽屏風山国有林の成立とその開放」（日本大学文理学部自然科学研究所『研究紀要（地理）』八、一九七三年）、秋田県編『秋田県林業史 上巻』（秋田県、一九七三年）、只木良也ほか編『ヒトと森林』（共立出版、一九八二年）、立石友男『海岸砂丘の変貌』（大明堂、一九八九年）、岩崎真幸「『屋敷林』の諸問題」（『歴史と民俗』六、一九九〇年）、村井宏ほか編『日本の海岸林』（ソフトサイエンス社、一九九二年）、佐藤常雄ほか編『日本農書全集六四 開発と保全一』（農山漁村文化協会、一九九五年）、只木良也『森林環境科学』（朝倉書店、一九九六年）、新潟市史編さん近世史部会編『新潟市史 通史編二 近世下』（新潟市、一九九七年）、只木良也『新版 森と人間の文化史』（日本放送出版協会、二〇一〇年）、菊池慶子「仙台藩領における黒松海岸林の成立」（『東北学院大学経済学論集』一七七、二〇一一年）、中島勇喜・岡田穣編著『海岸林との共生』（山形大学出版会、二〇一一年）、太田猛彦『森林飽和』（ＮＨＫ出版、二〇一二年）、菊池勇夫「救荒食と山野利用」（菊池勇夫ほか編『講座東北の歴史 第四巻』清文堂出版、二〇一二年）、菊池慶子「失われた黒松林の歴史復元」（岩本由輝編『歴史としての東日本大震災』刀水書房、二〇一三年）※Ⅲ「風・飛砂・潮に備える」の各参考文献も参照

四　災害からの復旧・復興と森林への期待

1　食料の採取と森林

ここまでは、自然の猛威から暮らしを守るために、江戸時代の人びとがどのように森林を育成してきたのかを探ってきた。以下では、少し見方を変えて、人びとが災害による暮らしの危機を乗り越え、復旧・復興を推し進めていく際に果たした森林の役割を、食料・生活環境・金銭をキーワードにして考えてみたい。

冷夏や日照不足、土砂災害・風水害などによる凶作で、日々の食料に差し支えた人びとは、命をつなぐために森林へ分け入ってさまざまな草木を採取した（Ⅳ－二「江戸時代の飢饉と森林」参照）。ワラビ（蕨）やクズ（葛）の根などが、その代表的なものである。家族総掛かりで山に登り、なかには山中で小屋がけして、泊まり込みでワラビを掘り採る者もいたという。彼らは、採取した草木を思い思いの調理法で加工して、口に運んだり、保存したりして飢饉《ききん》を凌いだ。こうした草木の採取は、冬になり、大雪が降ればできなくなったが、春になると再開された。

秋田藩でも、飢饉になるとクズの根が盛んに採取された。天保四年（一八三三）、同藩は「非常の凶作」になり、「飢餓」に苦しむ百姓が山に登ってクズの根を掘り採っていた。クズの根を砕いて水に浸し、沈殿したものを乾

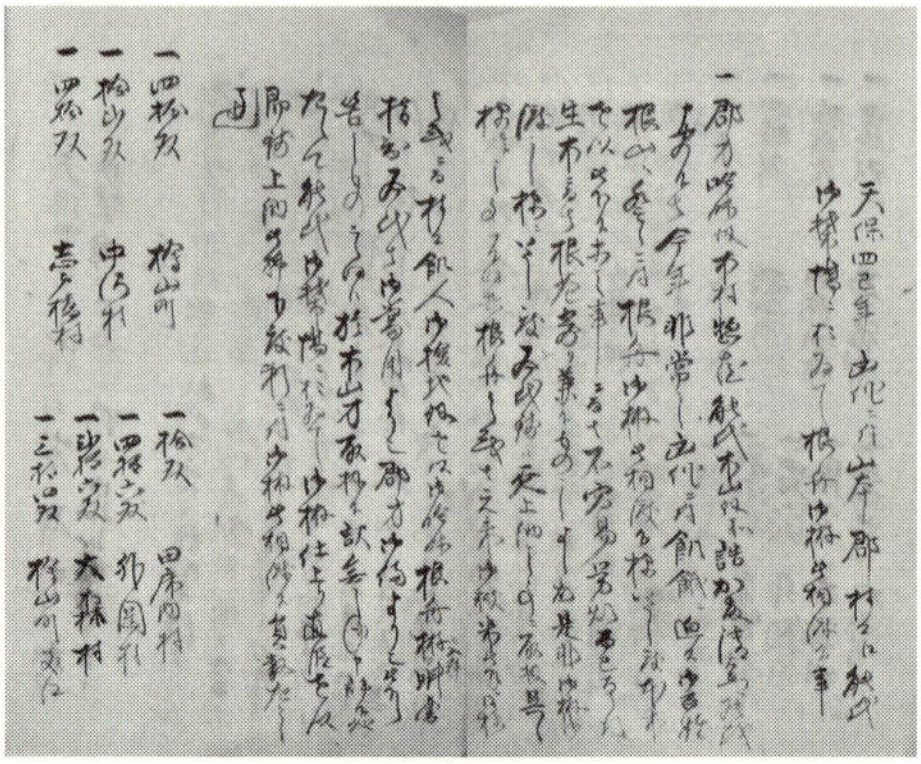

図４－１　凶作に付き根舟相渡され候事
「木山方以来覚追加 十三」（国立公文書館所蔵）。

燥させれば葛粉《くずこ》ができあがる。こうした状況を受けた木山方吟味役の賀藤清右衛門《かとうせいえもん》らは、「根舟」を拵えて村々へ与えることを提案した。この「根舟」とは、砕いたクズの根を水に浸す際に用いた、内部が空洞の箱形容器を指すと考えられる。賀藤らの提案に対し、藩は「根舟」の下付は「御救米」の下付と同義であると理解して、「根舟」を与えることに決定した。こうして村々に配布された「根舟」の数は、山本郡だけで八九一に昇っている（図４－１参照）。

　また、仙台藩では、宝暦期（一七五一～六四）の飢饉時に松皮餅《まつかわもち》が広く食された。松皮餅とは、マツの皮を粉にして、米や大豆の粉と混ぜあわせたものである。天保期（一八三〇～四四）の飢饉に際しても、勘定奉行の佐藤助右衛門は、百姓らを救済する手段として松皮餅を重視した。そのため、街道のマツ並木や沿岸のマツ林でさえも、盛んに皮が剥ぎ取られたという。なお、松皮餅に用いるマツ皮は、老齢のクロマツが最上とされた。枝振りの見事な大木ほど盛んに皮を剥ぎ取られ、立ち枯れてしまったとすれば、防風や砂防・防潮といった、海岸林に本来期待されていた機能にも、少なからぬ影響が出たと推測される（Ⅲ－三「仙台藩の防潮林と村の暮らし」参照）。

2　生活環境の復旧と森林

火災や地震、洪水などの災害が発生すると、場合によっては、家屋や道路・水道などのライフラインが損壊し、それまでの生活環境が一変してしまう。北原糸子氏らが編集した『日本歴史災害事典』は、江戸時代の主要な災害を一覧できる貴重な成果である。ここから、家屋などの損壊が著しい例を、いくつかとりあげてみよう。まず、死者一〇万人ともいわれる明暦三年（一六五七）の江戸大火では、江戸城の本丸・二の丸などをはじめ、一六〇の大名屋敷、七七〇余りの旗本屋敷、四〇〇の町、三五〇の寺社が焼失した。宝永四年（一七〇七）、遠州灘沖から四国沖までの南海トラフ沿いを震源域として発生した巨大地震では、六万戸の家屋が全壊し、一万八〇〇〇戸余りの家屋が流失したといわれる。寛保二年（一七四二）、関東平野の広い範囲を襲った大洪水では、一万八〇〇〇軒余りが流失・倒壊した。天明八年（一七八八）の京都大火では、町方の家屋三万六七九七軒、寺院二〇一か所、武家屋敷六七か所が被災した。文政一一年（一八二八）、九州地方に上陸したシーボルト台風では、四万九〇〇〇戸の家屋が全壊、二万四〇〇〇戸の家屋が半壊し、二八〇〇戸の家屋が流失している。これらは、江戸時代でもとりわけ被害の大きかった災害であるが、こうした数字をみるだけでも、災害からの復興過程で、いかに莫大な量の木材が必要とされたかを窺うことができよう。

安政五年（一八五八）の飛越《ひえつ》地震で大きな被害を受けた幕領飛騨《ひだ》国では、被災直後から生活環境の復旧が図られた（Ⅳ―三「安政の大地震と地域の対応」参照）。特に被害の大きかった在家《ざいけ》村（岐阜県高山市）・高牧《たかまき》村・西忍《にししのび》村（岐阜県飛騨市）は、農業用水や生活用水の供給に不可欠な用水樋を掛け替えるため、御林に生育するスギやナラの伐採を願い出ており、代官所もこれを許可している。また、仮の住まいとして小屋を建設するための伐採願いも複数の村々から提出されており、やはり許可されている。この小屋がけは一時的なもので、家屋を元の通り再建するには、より多くの木材が必要になったろう。

3　金銭の獲得と森林

飛越地震では、生活環境だけでなく、幕府の御林そのものも大きな被害を受けた。地震の振動による倒木はもとより、土砂崩れによって根こそぎ土中に埋まった樹木や、川へ落ち込んで流失した樹木も多かったという。これらのうち、幕府の御用材として不向きなものは「損木《そんぼく》」と呼ばれ、住民が出願すれば活用できる状態で置かれていた。こうした「損木」は、地域住民によって積極的に山稼ぎに利用され、そこで得られた金銭は被災地の復興に充てられていったと考えられる（Ⅳ－三「安政の大地震と地域の対応」参照）。

東北諸藩では、飢饉の際に留山《とめやま》などを解放する「御救山《おすくいやま》」が実施された（Ⅳ－二「江戸時代の飢饉と森林」参照）。御救山とは、通常は利用を制限している留山の伐採を百姓に許可し、煮炊き用の薪を採取させたり、あるいは換金用の材木を伐採させたりする制度である。たとえば、盛岡藩は天明期（一七八一～八九）の飢饉時に御救山を実施し、領内二〇九か所の御山を解放してクリやマツなどの伐採を許した。こうした御救山は、村々の暮らしぶりが回復するまでの一時的なもので、三年間で解除されたが、他地域に比べて飢饉の程度が激しかった五戸通《ごのへどおり》では、延長して実施された。弘前《ひろさき》藩でも、天明期の飢饉に際して御救山が発令されており、特に西之浜通《にしのはまどおり》では長期間にわたって実施されたという。

食料が不足し、その値段が高騰した飢饉下では、この御救山をもってしても食料の確保は容易ではなかったろ

表４−１　樹種ごとの防火力

防火力	樹種
大	イヌマキ・コウヤマキ・コウヨウザン・スダジイ・アカガシ・シラカシ・タブノキ・ヤブニッケイ・モチノキ・クロガネモチ・ネズミモチ・シャリンバイ・カナメモチ・ヤマモモ・タラコウ・ツバキ類・サザンカ・モッコク・サカキ・シキミ・キョウチクトウ・サンゴジュ・マサキ・アオキ・ヤツデ・ユズリハ・ヒメユズリハ・カラタチ
中	ヒノキ・サワラ・カラマツ*・イチイ・イチョウ*・マテバシイ・ウバメガシ・カシワ*・ヒイラギ・ミズキ*・イチジク*・センダン*・ユリノキ・キリ・アオギリ・プラタナス・ヒサカキ・トベラ・イヌツゲ・クチナシ・アジサイ・ツツジ類・ハコネウツギ
小	カヤ・モミ・ポプラ類・タチヤナギ・シダレヤナギ・アラカシ・ケヤキ・クスノキ・サクラ類・ウメ・カリン・エンジュ・ニセアカシア・フジキ・カエデ類・カキ・サルスベリ・シナノキ・バラ類・ハギ類・ニシキギ・アセビ

只木良也・吉良竜夫編『ヒトと森林』（共立出版、1982年）188頁より一部省略して作成。
*の樹種は、夏期の着葉時は防火力が大きい。

う。しかし、視野を広げれば、御救山によって得られた薪や金銭は、危機的な状況から立ち上がろうとする百姓の背中を後押しし、飢饉からの復興に役立てられたと考えられる。

４　災害体験と防災対策

このような災害の体験は、それぞれの地域で、食料の備蓄をはじめとする防災対策への取り組みを促した。こうしたなかで、〝暮らしを守る森林〟の育成も、各地でみられるようになっていく。

木造建築物が密集する都市では、ひとたび火災が発生すると瞬く間に燃え広がり、大火災に発展する危険性があった。明暦三年（一六五七）の江戸大火は、その最たるものの一つであろう。この大火後、幕府は大がかりな防災都市計画を立案し、道路の拡張や武家屋敷・町屋の移動、消防組織の充実などに取り組んだ。その一環として実施されたのが、広小路《ひろこうじ》や火除地《ひよけち》といった、延焼の防止を図る空間の設定である。さらに、この広小路や火除地には、防火林として樹木も植栽された（Ⅳ－一「都市江戸の火災と植溜・御庭」参照）。樹木は燃えやすいと思いがちであるが、葉の重量の三分の二は水分であるから、林は〝水の壁〟のようなもので、火災の熱を奪い、熱気流や煙を上方にそらし、飛び火をつかまえることができる。火に強くて枝葉が多く、背の高い樹木の複層林が理想的であるという（表4－1参照）。

三河《みかわ》国設楽《したら》郡稲橋《いなはし》村（愛知県豊田市）の豪農《ごうのう》古橋暉児《てるのり》は、天保期（一八三〇～四四）における飢饉の体験を踏まえて、各戸がスギ・ヒノキの苗二〇〇〇本を村の共有山へ植栽し、将来金一〇〇〇両を得る計画を立てて、凶作に備えようとした。当初、村人はすぐに効果が上がらないこともあって賛成しなかったが、説得の末、各戸の植栽本数を四〇本とすることで賛同を得た。天保五年、古橋は自身の負担でスギ苗を購入して各戸へ配布し、二月に植林を開始している。このほか、飢饉を契機にして、食べられる救荒草木の種類や、その調理法・解毒法をまとめた書物も各地で作成・刊行された（Ⅳ－二「江戸時代の飢饉と森林」参照）。こうした救荒書は、人びとの知識と工夫を結晶させたもので、多くの人びとに読み継がれ、森林の恵みで飢饉を乗り越えるために活用されたのである。

安政南海地震の大津波で多数の死傷者が出た紀伊《きい》国有田《ありた》郡広《ひろ》村（和歌山県広川町）では、被災直後に防潮林が造成された。庄屋の浜口儀兵衛は、沿岸部で築堤工事を進め、さらに堤防の強化と防潮林の機能を期待して、クロマツとハゼを植栽している。クロマツをほかから移植するにあたっては、自生していた時点と、枝葉の向きなどが同じ状態になるよう工夫された（Ⅳ－三「安政の大地震と地域の対応」参照）。このように堤防とクロマツ林を組み合わせ、津波や高潮の被害を防止・緩和する方法は、仙台藩領でも広くみられたという（Ⅲ－三「仙台藩の防潮林と村の暮らし」参照）。こうした堤防と防潮林は、実際の被害を緩和したほか、日々の暮らしに〝安心感〟を与えたことであろう。

【参考文献】
杉村廣太郎『浜口梧陵伝』（浜口梧陵銅像建設委員会、一九二〇年）、遠藤安太郎編『山林史上より観たる東北文化之研究』（日本山林史研究会、一九三八年）、広川町誌編纂委員会編『広川町誌 上巻』（広川町、一九七四年）、只木良也ほか編『ヒトと森林』（共立出版、一九八二年）、牧野和春『森林を蘇らせた日本人』（日本放送出版協会、一九八八年）、菊池勇夫『飢饉の社会史』（校倉書房、一九九四年）、北原糸子編『日本災害史』（吉川弘文館、二〇〇六年）、長谷川成一『山と飢饉』（『供養塔の基礎的調査に基づく飢饉と近世社会システムの研究』科学研究費補助金研究成果報告書、二〇〇七年）、金谷千亜紀「盛岡藩領五戸通における御山支配と山林利用」（『農業史研究』四四、二〇一〇年）、太田尚宏「飛越地震における高山代官所の初動対応」（『国文研ニューズ』二八、国文学研究資料館、二〇一二年）、菊池勇夫「救荒食と山野利用」（菊池勇夫ほか編『講座東北の歴史 第四巻』清文堂出版、二〇一二年）、北原糸子ほか編『日本歴史災害事典』（吉川弘文館、二〇一二年）、菊池勇夫「飢饉と災害」（『岩波講座日本歴史 第一二巻』岩波書店、二〇一四年）※Ⅳ「暮らしの危機と森林」の各参考文献も参照

五　〝暮らしを守る森林〟と近代林政

1　明治初期の森林政策と「国土保安」

明治維新を経て、新しい国家統治のしくみが整えられていくなか、江戸時代に保護・育成された〝暮らしを守る森林〟は、どのように位置づけられていったのであろうか。

戊辰《ぼしん》戦争における幕府直轄領の接収や、明治二年（一八六九）の版籍奉還《はんせきほうかん》を契機に、新政府は「御林《おはやし》」などと呼ばれていた旧領主林を「官林《かんりん》」として再編した。また、同六年には地租改正《ちそかいせい》事業が開始され、地租の負担者を明確にするために、村や個人が所持・利用してきた林野についても所有権の確定が進められた。ただし、政府は〝所有の確証〟がなければ、民有地ではなく官有地（官有林野）として把握する方針をとっていたため、所持・利用の実態に反して、官有地へ編入された場所も少なくなかった。こうした林野の地租改正は、約一〇年の長きにわたって実施された。

このように、近代的な所有権が確立するまでの間、新政府は主に伐採を制限する形で、森林の保護・育成を図ろうとした。その一つの理由が、土砂流出の防止や水源の涵養《かんよう》といった「国土保安」を図るためであった。その端緒となるのが、明治四年一月に出された「山地取締規則」である。これは、当時林野を管轄していた民部《みんぶ》省が、山城《やましろ》・大和《やまと》・河内《かわち》・和泉《いずみ》・摂津《せっつ》・伊賀《いが》の五か国を管轄する府藩県に対し、山地を開墾する際には土砂が流出しないよう気をつけること、川沿いの森林を伐採する場合には「旧制」の通り許可を得ることなどを通達したものである。注目されるのは、これらの内容が、淀《よど》川水系の「木津川山持ちの村々」へ厳命するよう指示されている点である。淀川水系は、江戸時代でも早い時期から、土砂流出を防ぐ取り組みが重ねられてきた地域であり、同規則はこの方針を継承したものと思われる。

一方、官林についても、同四年七月に制定された「官林規則」で、良材の確保や水源の涵養を目的に乱伐が禁じられた。ところが、その直後に民部省が廃止されると、林野の管轄を引き継いだ大蔵省は、右の方針に反して「荒蕪不毛地払下規則《こうぶふもうち》」と「官有地払下規則」を制定し、官林を積極的に払い下げて、その代金を牧畜などの資金に振り向ける姿勢をとった。こうした方針転換に対しては、政府内部からも、官林が荒廃して洪水で堤防が壊れたり、土砂が流出したりするという反対意見が噴出し、早くも同六年七月には両規則が撤回され、翌七年には林野の管轄自体も大蔵省から内務省へ移されている（Ⅴ－三「森林法の制定と保安林制度の成立」参照）。

実際、この時期には、江戸・東京の水源を涵養していた井之頭官林が払い下げられ、落札者によって伐採が進められた。その結果、次第に井の頭池の湧出量が減少してしまい、東京府は明治七年に井之頭官林の買い戻しを願い出ている。これを受けた政府は、東京府の要請を認めて井之頭官林を買い戻し、再び官林として位置づけた（Ⅴ－一「井之頭御林と江戸・東京の水源」参照）。

こうした政府方針の再転換がよく表れているのは、明治九年に制定された「官林調査仮条例」である。この条例は、官林の状況を一定の様式で報告させるものであったが、それにともなって「水源涵養・土砂扞止《かんし》等の如き、全く国土の保安を計り存養する」森林は、禁伐林《きんばつりん》に指定するよう定められた。また、同一五年には、政府の最高行政機構である太政官が「民有森林の中、水源を養ひ、土砂を止め、又は風・潮を防禦《ぼうぎょ》し、頽雪《たいせつ》を支拄するの類、国土保安に関係ある箇所」は、伐採を停止すると布達した。こうして伐採が停止された森林は、先述した禁伐林と区別して伐木停止林《ばつぼくていしりん》と呼ばれた。この頃には、「国土保安」を理由とした伐採規制が、より明確に示されるようになったのである（V－三「森林法の制定と保安林制度の成立」参照）。

2　法整備への動きと旧規旧慣の再発見

ところで、明治一二年（一八七九）五月には、内務省地理局内の山林課が再編されて、山林局が設けられた。さらに、翌六月には同局内に林制掛が置かれ、森林に関する体系的な法律案の作成が本格的に開始された。ここで見逃せないのは、法律の起草にあたり、江戸時代における規則（旧規）や慣習（旧慣）の調査がはじまった点である。この調査は、同一三年中に一定の成果を得たというが、その結果は同局が満足するものではなく、翌一四年には内務卿の名で再度の調査が命じられている。こうした調査結果は、のちに「山林沿革史」として集大成された。

これと関連して、明治一五年二月には、東京上野《うえの》公園で「山林共進会」という品評会が開催された。この品評会は、山林局が山林欠乏の現状に鑑み、過去に「殖樹《しょくじゅ》培養に尽力し、或いは山林に裨補《ひほ》（補助の意）するの方法に勉励する者を褒賞」し、民衆に「山林の国家経済上に緊要なること」を知らしめ、「樹木愛惜《あいせき》の念を喚起」することを目的に計画したものであった（「太政類典 第五編 明治十四年 第二十一巻」国立公文書館所蔵）。具体的には、「山林を蕃殖《はんしょく》したる実績」のある者に「調書」を提出させ、必要に応じて「物品」や「用具」を出品することを

表5−1 山林共進会の上位受賞者とその理由

等級	受賞者	理由	備考
特別1等賞	熊沢蕃山	岡山藩の各地へマツを育成	旧岡山藩主池田光政に仕えた儒者
1等賞	市川正好	「五木の禁」を設け、輪伐法を発案	木曽材木奉行を勤めた旧尾張藩士
2等賞	古橋暉児	「郡中の富」を図り、「凶荒」に備えるために植栽に尽力	三河国設楽郡稲橋村の豪農
	栗谷川仁右衛門	自ら植林に励み、領民にも植林を奨励	山林奉行を勤めた旧盛岡藩士
	野呂武左衛門 原田豊太郎 増田源助	屏風山の保護に尽力	野呂は西津軽郡館岡村、原田は同郡森田村、増田は同郡上相野村に居住
	賀藤清右衛門	海岸砂防林など、領内各地で植林	木山方吟味役を勤めた旧秋田藩士
	佐藤藤蔵	海岸砂防林の造成に尽力	庄内藩領酒田町の町人
	小塚藤十郎	荒廃地へ植林し、海岸林を造成	植物方奉行を勤めた旧大聖寺藩士
	山元荘兵衛 山元藤助	父荘兵衛はクスノキの植栽法を発明。子藤助は紀州熊野で製炭法を探求して復命	父子ともに御手山支配人を勤めた旧薩摩藩城下士
	島津久通	「人別差杉法」を発案、杉の植栽を奨励	旧薩摩藩の家老
	野中金右衛門	スギの植栽に尽力	杉方役を勤めた旧飫肥藩士

農商務省山林局『山林共進会報告 履歴ノ部』(製紙分社、1883年)より作成。備考は筆者による。

許し、これを評価した。この「実績」の例として、山林局は①「培養保護」によって「山林を蕃殖したる類」、②「樹木なき地へ新植」して「山林を造りたる類」、③「天然生の山林を改良したる類」、④「凋衰《ちょうすい》せる山林を挽回したる類」に加え、⑤「水源涵養・土砂扞止、其の他道路・堤塘等の為、樹木を栽植したる類」をあげている。また、出品資格は「内国人にして内国山林に従事経験したるもの」に限ったが、「外国の方法」でも「内地に於いて其の得失を実験したるものは此の限りにあらず」とし、日本の風土に適した森林の保護・育成方法が集められた。さらに、故人であっても「山林に著るしき功労・成蹟ありて、名望其の地方に隠れなき者」については、子孫や親族らに「調書」を作成させた（「太政類典　第五編　明治十四年　第二十一巻」国立公文書館所蔵）。この結果、二四三〇以上の「調書」が出品され、そのうちの五五八件が、特別一等賞と一等～七等賞に入賞している。

〔表5－1〕には、二等賞までの受賞者（二一件一四名）と、その理由を簡潔に示した。一七世紀に治山治水論を説いた熊沢蕃山《ばんざん》が、唯一特別一等賞を獲得している。また、賀藤清右衛門《かとうせいえもん》や佐藤藤蔵《とうぞう》など、海岸林の造成を理由に受賞したものが四件あることも注目される。このほか、五等賞には、熊本藩の御山支配役を勤め、水源涵養林の育成に尽力した木原才次《さいじ》や光永直次《みつながなおつぐ》の名もみえる。このように、山林共進会の受賞者には、木材を供給するための森林を育成した者たちと並んで、「国土保安」の森林に関する実績を有した人物が、しばしばみられるのである。

山林共進会が開催されてから、まだ間もない明治一五年五月には、農商務省山林局（同一四年に内務省から移管）で作成されていた「森林法」草案が完成した。この法案は、官有・民有を問わず全国の森林を対象にしたもので、その第四編は「国土保安」の森林に割かれている。これによると、「水源を涵養する林」「土砂を扞止し巌石《がんせき》を支持する林」「風・潮・頽雪又は水害を防止する林」などの九種類は「保存森林」とされ、これらの森林では竹木の伐採や鉱物・土石の採掘、牧畜、開墾が禁止された。また、着目したいのは、草案作成にあたって「地方官の意見」「欧州現行の法律」とともに「旧藩施政の跡」が参考にされた点である。第四編では、のべ二七府県の旧藩慣例がとりあげられている（Ⅴ－三「森林法の制定と保安林制度の成立」参照）。同案は結局のところ採用されなかったが、この時期には森林法の起草にともなう調査と、山林共進会の開催によって各地の旧規旧慣が収集され、そのなかで、江戸時代における〝暮らしを守る森林〟の歴史も再発見されたのである。

3　保安林制度の成立

明治一五年（一八八二）の森林法案が廃案となった後も、政府はただ手をこまねいていたわけではない。その後も、技術官僚・事務官僚らによっていくつかの法案が作成された。また、同二二年に発布された大日本帝国憲法に基づき、翌二三年に貴族院と衆議院からなる近代的議会が成立すると、その構成議員からも森林に関するさまざまな法案が作成・提出された。

明治一五年一月に、大日本山林会が設立された意義も大きい。同会は、山林共進会の開催決定を契機に設立され、会頭には伏見宮貞愛親王《ふしみのみやさだなるしんのう》、幹事長には農商務少《しょう》輔の品川弥二郎《やじろう》、幹事には山林局長の武井守正らが就いた。その主な活動内容は、月一回の小集会と年一回の大集会の開催、会報『大日本山林会報告』の発行であった。特に会報は、集会の要旨や木材相場、山林局通達、各会員からの通信などを掲載し、政府方針の浸透や会員相互の意見交換を担ったという。この会報から、集会の内容を探ってみると、「海浜の砂地へ栽植するに適当なる樹木」（同一五年二月小集会）、「大風激烈《げきれつ》なる地、砂礫《されき》の埋没に由りて不毛の地となるべき所、或いは土壌の崩潰《ほうかい》、潦水の灑落《さいらく》、汗沼の溢洳を恐るべき山腹等には如何《いか》なる樹木を栽植し、如何なる方法を以て保護するを良とするや」（同一五年一二月小集会）、「水源を養う為に植え附けるは何樹を宜しとするや」（同一八年五月小集会）、「耕宅地防風の適樹は何々なるや」（同一九年一月小集会）など、「国土保安」の森林に関する話題もとりあげられていたことがわかる。

ところで、この『大日本山林会報告』第二一五号には、「瀬尻植林の沿革」という講演録が掲載されている。これは、遠近《とおとうみ》国長上《ながかみ》郡安間《あんま》村（静岡県浜松市）の豪農金原明善《ごうのうきんぱらめいぜん》が、明治一八年に政府の許可を得て開始した、瀬尻《せじり》官林での植林事業の記録である。金原は、幕末期の水害体験を受けて治山治水を構想し、三河《みかわ》国設楽《したら》郡稲橋《いなはし》村（愛知県豊田市）の豪農《ごうのう》で植林に尽力した古橋暉児《てるのり》や、吉野《よしの》郡川上《かわかみ》村（奈良県川上村）の大山林地主であった土倉庄三郎《どくらしょうざぶろう》に支援を依頼して、植林に臨んだ。その結果、瀬尻の植林事業は、同三一年までにスギ・ヒノキ合計二九二万本余りを植栽するという大きな成果を上げている（V－二「天竜川流域の治山治水と金原明善」参照）。この時期に、地域の有力者が中心となって、江戸時代以来の知見や技術を活用し、「国土保安」を図る森林を育成していた点は見逃せない。

さて、明治三〇年には、待望の「森林法」が制定された。この森林法で最も注目したいのは、「保安林」制度がはじめて体系的に規定された点である。この保安林については、全五八条のうち、約四割にあたる二三か条があてられている。同法では、保安林に編入しうる箇所として、「土砂壊崩・流出の防備に必要なる箇所」「飛砂の防備に必要なる箇所」「水害・風害・潮害の防備に必要なる箇所」「頽雪・墜石《ついせき》の危険を防止するに必要なる箇所」「水源の涵養に必要なる箇所」などがあげられ、これに基づいて設定された土砂扞止林・飛砂防止林・水害防備林・防風林・潮害防備林・頽雪防止林・墜石防止林・水源涵養林・魚附林・目標林・衛生林・風致林の各保安林では、皆伐と開墾が禁止された。そして、先述した禁伐林や伐木停止林などは、森林法の施行日（翌三一年一月一日）より保安林に編入された。また、伐木停止林以外の民有林についても、水源涵養、土砂の流出や崩壊の防止、防風・防潮・なだれ防止に関する箇所は保安林に編入された。この結果、約六〇万町歩（ヘクタール）の森林が、保安林として成立した。

図５－１　昭和初期頃の保安林の様子

農林省山林局編『国有林 上』（大日本山林会、1936 年）117 頁・119 頁・120 頁・121 頁・122 頁・123 頁より引用。左上：土砂扞止林（長崎県南高来郡）、左中：飛砂防止林（鹿児島県日置郡）、左下：防風林（高知県幡多郡）、右上：潮害防備林（岩手県下閉伊郡）、右中：頽雪防止林（群馬県利根郡）、右下：水源涵養林（秋田県秋田郡）。

このように、水源涵養や土砂扞止、防風・防潮といった「国土保安」機能の確保は、近代林野行政の主要な課題であり続けた。その集大成ともいうべき保安林制度は、ヨーロッパ諸国の法律や学説に強い影響を受けたとされる。しかし、その基底には江戸時代の武士や百姓が、長い時間をかけて〝暮らしを守る森林〟を保護・育成してきた歴史的事実があることを忘れてはならないであろう。

【参考文献】

農商務省山林局『山林共進会報告 履歴ノ部』（製紙分社、一八八三年）、林業発達史調査会編『日本林業発達史 上巻』（林野庁、一九六〇年）、金原治山治水財団編『金原明善』（金原治山治水財団、一九六八年）、筒井迪夫『森林法の軌跡』（農林出版、一九七四年）、筒井迪夫『日本林政史研究序説』（東京大学出版会、一九七八年）、萩野敏雄『日本近代林政の基礎構造』（日本林業調査会、一九八四年）、保安林制度百年史編集委員会編『保安林制度百年史』（日本治山治水協会、一九九七年）、安藤優一郎「近代都市東京の水源涵養策」（『史観』一四六、二〇〇二年）、萩野敏雄『官林・官有林野の研究』（日本林業調査会、二〇〇八年）※Ｖ「時代を越える〝暮らしを守る森林〟」の各参考文献も参照

＊

以上、五章にわたって、江戸時代の〝暮らしを守る森林〟を紹介し、それが近代林政にどのように位置づけられたのかを展望してみた。

こうして眺めてみると、江戸時代の人びとが多くの時間をかけて自然を観察し、ときに大きな災害とそれからの復興を経験しながら、森林の持つ多様な機能を〝発見〟してきたことがわかる。そして、こうした発見に基づいて育成された〝暮らしを守る森林〟は、気候や地形条件、生産活動など、その地域の特性・個性を強く反映したものであった。それは、「田山」と「水野目林」のように、同様の機能を期待した森林であっても、それぞれの地域で名称が異なることにも表れていよう。

また、こうして育成された〝暮らしを守る森林〟は、ときにさまざまな目的で活用された。たとえば、菊池慶子氏が指摘するように、仙台藩領の海岸林は、海辺の村にとって里山としての性格を併せ持っていたし、秋田藩領の水源涵養林は、用水路の普請用材を供給するためにも利用された（Ⅲ－三「仙台藩の防潮林と村の暮らし」、Ⅱ－一「秋田藩における水野目林の保護・育成」参照）。江戸時代の〝暮らしを守る森林〟は、その地域を治めた領主、その地域に生きた領民が、その地域の自然条件や暮らしの実態を考慮しながら、長い年月をかけてつくりあげたものといえよう。このように、試行錯誤を繰り返しながら育てられてきた〝暮らしを守る森林〟の歴史は、各地に残る神社や石碑、伝承などからも窺うことができる。

これまで江戸時代の林政史や林業史の分野では、材木や薪炭を生産するための、いわゆる経済林について貴重な成果が積み上げられてきたが、それと比較すると、本書が扱う〝暮らしを守る森林〟については、史料が比較的少ないこともあって、充分に検討されてこなかったように思われる。

しかし、こうした江戸時代における〝暮らしを守る森林〟の育成が、明治期（一八六八～一九一二）に保安林制度が形成される基盤となっていった点は、改めて注目してよいであろう。さらにいえば、戦後昭和二六年（一九五一）の森林法改正によって、保安林の種類は一二種類から一七種類（前掲表1－1参照）へと増加したが、その基本的な理念は、明治三〇年の森林法から大きくは変わっていないように思われる。

いうまでもなく、森林が育つのには数十年から数百年の長い期間が必要であり、森林の視点に立てば、江戸時代はそれほど遠い過去ではない。森林の持つ〝公益的機能〟が重視されるなか、私たちはどのように森林と向き合っていくべきなのか。それを考えるとき、〝暮らしを守る森林〟の歴史は、重要な示唆を与えてくれるであろう。

（芳賀和樹）

I 山を治める

新潟県中蒲原郡川内村（五泉市）の土砂扞止林

昭和初期頃の様子。遠藤安太郎編『日本山林史 保護林篇 下』（日本山林史刊行会、1934年）67頁より引用。

一　「諸国山川掟」と畿内・近国の土砂留制度

1　森林の利用と土砂の流出

近年、奈良県十津川《とつかわ》村・長野県南木曽《なぎそ》町・広島県広島市などで大規模な土砂災害が発生し、甚大な被害をもたらした。これらの災害は、局地的豪雨を契機としながらも、原因には地質のもろさなどが指摘されている。日本では、全国的にみると五二万もの土砂災害危険箇所が指定されており、年間平均一〇〇〇件もの土砂災害が確認され、大変土砂災害が発生しやすい国土環境にあるといえる。こうした土砂の対策は、現代社会においても大きな課題となっている。そこで本章では、森林の利用と関わらせながら、江戸時代における土砂対策—土砂留《どしゃどめ》—について、畿内・近国を事例に整理していきたい。

戦国から江戸時代初頭にかけて、城下町の成立・発展に代表される建設ラッシュがあり、それにともなって建築・土木資材としての木材や、燃料としての薪炭などが大量に消費された。一方、農業生産を行う村では、草肥が多く必要とされ、森林を草山としたところも多かった。これらによって、森林の木材資源は大幅に減少するとともに、水源涵養機能までもが失われていった。森林を失った山地は、はげ山や草山となり、土砂流出も起こしやすい環境となっていったのである。流出した土砂が河川などに堆積すると、河床の上昇につながって水の流れを妨げるとともに、河川交通に支障をきたし、ときには水害を引き起こすこともあった。このような状況に対して、江戸時代の人々は、どのように土砂留に取り組んでいたのであろうか。

2　「諸国山川掟」をめぐって

一七世紀後半になると、幕府・諸藩は、森林の保護・育成に関する政策を打ち出していく。なかでも、寛文六年（一六六六）二月二日に出された、いわゆる「諸国山川掟」が重要とされている（『御当家令条』二八四号）。この達書は、老中久世広之《ひろゆき》・稲葉正則《まさのり》・阿部忠秋《ただあき》・酒井忠清《ただきよ》という四名の連名で出され、三か条と附則からなる。

達書の内容は、①近年は草木の根まで掘り取るため、風雨のときに川筋に土砂が流出し、水の流れが滞るので、今後は草木の根を掘り取ることを禁止する。②川上の左岸・右岸で木立のないところには、今春より苗木を植林して土砂が流れ落ちないようにする。③河原などへ新規に田畑を開くことや、竹木・葭《あし》・萱を仕立て新規の築《つ》き出しをつくることで、川筋を狭くしてはならない。④山中で焼畑を新規に行ってはならない。これらのことを厳守させ、来年には検使を派遣して掟の趣旨に背いていないか見分するので、この旨を代官へ触れよというものであった。

この法令の評価をめぐっては、近世史研究でも議論がある。大石慎三郎氏は、「開発万能主義的農政」から、本田畑を中心とする「園地的精農主義農政」へという幕府農政の転換を示す重要な法令として高く評価する。それに対して塚本学氏は、草木の根が食料・灯火・薬種などに利用されていたことを重視するとともに、この法令は、万治三年（一六六〇）の達書（農林省編『日本林制史資料　津藩・彦根藩』）を強化するために出されたもので、全国を対象とした法令ではなく、畿内・近国の訴願に対して出された淀川・大和川流域限定の治水政策であり、「諸国」は畿内・近国を示すものと指摘している。

その万治三年の達書とは、三月一四日付で老中稲葉正則《まさのり》・阿部忠秋《ただあき》・松平信綱《のぶつな》が上方郡代水野忠貞《ただざだ》・五味豊直《とよなお》および奈良奉行中坊時祐《なかのぼうときすけ》に出した指示を、中坊が四月一九日に津藩主藤堂高次《たかつぐ》へ伝えたものである。それによると、山城・大和・伊賀国を対象として、伐採した木の根を掘り取ると、洪水時に淀川・大和川に土砂が流出して川が埋まるので、木の根の掘り取りを禁止し、苗木を植え続けることを命じるよう指示されている。さらに、中坊は藤堂へ藩領内の砂山に毎年松などの苗木を植えるよう附け加えている。

また寛文六年の「諸国山川掟」以降も、同九年には山川掟が淀川筋に再達され、延宝四年（一六七六）にも老中→京都町奉行→山城・近江・丹波国の幕領・私領というルートで、山川掟が疎略に扱われている旨が触れられている。このように、寛文六年の「諸国山川掟」は、前後の一連の山川掟のなかで捉えられよう。ここでは法令のおよぶ対象地域はひとまずおくとしても、このときに幕府が河川流域の森林を守る発想から治山政策を進めようとしたことを大きく評価しておきたい。

3　畿内・近国の土砂留制度

村田路人氏によると、幕府は一七世紀後半から一八世紀初頭にかけて、寛文五年（一六六五）～一一年、天和三年（一六八三）～貞享四年（一六八七）、元禄一一年（一六九八）～一二年、宝永元年（一七〇四）の四回にわたって畿内河川整備事業を行っている。寛文期の事業は、幕府から派遣された役人が見分し、土砂留令を出し、普請をした後に、再び見分するという一連の流れが確認されている。土砂留令によって河川に土砂が流れ込まないようにし、流れ込んだ土砂は川浚いによって除去することで、水の流れを確保し、舟運を円滑にするというものであった。

しかし、その後の延宝二年（一六七四）六月に畿内は未曽有の水害に遭い、貞享期の河川整備事業が行われる。まず、天和三年に若年寄《わかどしより》稲葉正保《まさやす》・大目付彦坂重紹《しげつぐ》・勘定頭大岡清重《きよしげ》によって摂津・河内国の川筋の巡見が行われ、河村瑞賢《ずいけん》も同行して治水構想が提示された。稲葉は幕議において、河川の下流が泥で埋まっているのは、水源地が濫伐ではげ山となり、雨によって崩れやすくなっていることが原因であり、濫伐の禁止と植林の励行を意見した。結果、幕領・私領の領主・領民に濫伐の禁止と植林の励行が命じられ、河村瑞賢の指揮で淀川河口の改修工事がはじめられた。

その一環で畿内・近国の土砂留制度は、貞享元年に開始された。以降、水本邦彦氏の研究に拠ってみていこう。この年に老中から二つの覚書が発せられ、山城・大和・河内・摂津・近江五か国の砂防を強化するとともに、大名一一名（土砂留担当大名）にその管理が命じられた（『御触書寛保集成』一三三五号・一三三六号）。その上級管轄役所として、京都町奉行所が設定されている。制度開始当初は、この京都町奉行所が五か国を一手に管轄していたが、元禄二年からは大坂町奉行所が加わり、摂津・河内国を分担した。さらに詳しくみると、京都町奉行所では公事《くじ》方・勘定方の与力《よりき》・同心《どうしん》が担当したと考えられ、大坂町奉行所では川奉行（川方役所・与力四名・同心八名）が担当した。その各町奉行所のもとに、それぞれの地域の土砂留担当大名が配置され、その大名のもとに土砂留奉行が置かれたのである。すなわち、京・大坂町奉行所―土砂留担当大名―土砂留奉行という関係である。

さて、土砂留担当大名の変遷と担当地域についてみてみよう。貞享元年に定められた一一名の大名とは、〔表

表Ｉ－１－１　貞享元年（1684）の土砂留大名と担当の国郡

本拠	大名	国	郡
伊勢 安濃津	藤堂和泉守高久	山城	相楽
		大和	添上・式上・山辺・十市・広瀬・式下
大和 郡山	松平日向守信之	大和	添下・平群・葛下
		河内	大県・安宿部
山城 淀	石川主殿頭憲之	山城	綴喜・紀伊・久世・宇治
		近江	栗太
近江 膳所	本多隠岐守康慶	近江	栗太・滋賀
		河内	石川
摂津 高槻	永井日向守直種	山城	乙訓
		摂津	嶋上・嶋下
大和 高取	植村右衛門佐家貞	大和	高市・葛上・忍海
河内	永井伊賀守直敬	河内	交野・茨田・讃良
河内 大井	渡辺半次郎基綱	河内	古市・志紀
河内 丹南	高木大学正陳	河内	丹南・丹北
大和 小泉	片桐主膳正貞房	河内	高安・河内
和泉 岸和田	岡部内膳正行隆	河内	渋川・八上・若江・錦部
		摂津	住吉

水本邦彦『近世の村社会と国家』（東京大学出版会、1987年）をもとに作成。永井伊賀守は、本拠を河内国のうちとされる。

Ｉ－１－１）にも示したように、藤堂高《たか》久《ひさ》・松平信之《のぶゆき》・石川憲之《のりゆき》・本多康慶《やすよし》・永井直種《なおたね》・植村家貞《いえさだ》・永井直敬《なおひろ》・渡辺基《もと》綱《つな》・高木正陳《まさのぶ》・片桐貞房《さだふさ》・岡部行隆《ゆきたか》である。必ずしも畿内・近国に本拠を持つすべての大名が担当していたわけではなかった。さらに、各大名が郡ごとに分担して土砂留を管轄しており、担当分けは河川の流路にもとづいて行われたとみられる。このように、土砂留担当大名の郡域と各大名の支配領域（藩領）とは乖離《かいり》していたのである。もちろん、その後担当する大名も郡域も変遷していくが、土砂留制度は幕末まで継続されている。

それでは、その土砂留担当大名配下であった土砂留奉行は、どのような職務を果たしていたのであろうか。それは、①砂防工事を必要とする場所の設定と地域の定期的な巡回、②土砂留に関わる諸事項であった。①としては、山や谷を見分し、普請を必要とする場所を定め、その場所を定期的に巡回した。巡回の前には、村々から普請箇所についての書付を差し出させている。②としては、土砂留普請に関する争論の処理や水車の設置認可などにも関わっている。

町奉行所と土砂留奉行の職掌は、前者が土砂留奉行からの報告を受けて、地域の紛争処理などを行い、後者が担当区域の巡見・管理を担当して町奉行所へ報告することになっていたが、当初はほとんどの業務を土砂留奉行が担っていた。ところが、一八世紀末になると、土砂留奉行の不正などにより、土砂留奉行の主導から町奉行主導へと制度的に改変され、町奉行所の巡見強化や土砂留奉行の権限削減などが進められたが、十分には貫徹せず、緊張関係をもたらした。

このように、土砂留制度は個別領主支配を越えて広域的な観点から運用されたため、個別の領主支配に対して、土地支配の制限を強いることとなった。土砂留という点では、京・大坂町奉行所―土砂留奉行の権限が個別領主の支配権を上回ったのである。ただし、個別領主自身でも土砂留を実施し、自領の紛争解決をはかるなど一定の領主権は継続していたため、土砂留制度と個別領主の領主権は、せめぎ合って存続していったといえる。

4　土砂留制度と村の生活

次に、村からみた土砂留制度を、水本邦彦氏の研究をもとにみていこう。町奉行や土砂留奉行管下の土砂留担当役人は、村からみると、定期的に来村する武士であった。土砂留役人が来村したときの入用《にゅうよう》は、原則として役人持ちであったようである。これは、享保八年（一七二三）における河内国河内郡日下村《くさか》（大阪府東大阪市）の領収証から確認できる。岸和田《きしわだ》藩の土砂留役人が山川見分のために廻村した際、日下村に宿泊して、その代金として旅籠《はたご》代・駕籠《かご》人足代・駄荷馬代を村の庄屋・年寄が受け取っている。ところが、水本氏の検討によると、その支給額では賄《まかな》い切れなかったのではないかとされている。数年後の同村では、村入用から宿泊費の不足分を補塡《ほてん》していることが確認でき、土砂留役人の来村は、ある程度役人が費用を支給しつつも、村から補塡することで行われていたようである。

一方、土砂留の普請は、原則として村の自普請《じぶしん》であった。例えば、摂津国豊島郡桜村（大阪府箕面市）とその周辺五か村では、文化六年（一八〇九）に土砂留普請について申し合わせをしている。それによると、人足は六か村の棟役《むねやく》（庄屋・年寄は除く）、その他の諸入用は六か村の高役・棟役で割り合って差し出すとある。村内での割り合い方は、さまざまであろうが、村で費用を負担する普請（自普請）であったことがうかがえる。しかし、必ずしもすべてが村の負担であったとは限らないようである。なかには、元禄二年（一六八九）の日下村のように、その年に起こった洪水によって土砂が流失し、そのために土砂留が急遽必要となり、領主の津藩から普請に利用する杭木や人足扶持《ふち》などが支給されることもあった。杭木は一部を杭木山（御留山）から切り出すことが許され、人足扶持は米で支給されたが、例外的な措置であったようである。

このように展開した土砂留制度であるが、実態はどのようなものであったろうか。結論的には、不徹底であったようである。江戸時代における砂防工法は、［図Ⅰ－1－1］に示したが（トピック参照）、その技術水準には限界があり、そのうえ土砂留役人による巡検が杜撰《ずさん》であったこと、普請の原則が村方の自普請であったことなどに問題があった。村では、自普請の負担を回避しようと、巡検に来た土砂留役人を饗応するようなこともあった。また、土砂留役人の見分によって、山内の草柴刈りが禁止されると、小百姓たちが田畑へ施す草肥や農耕用牛馬

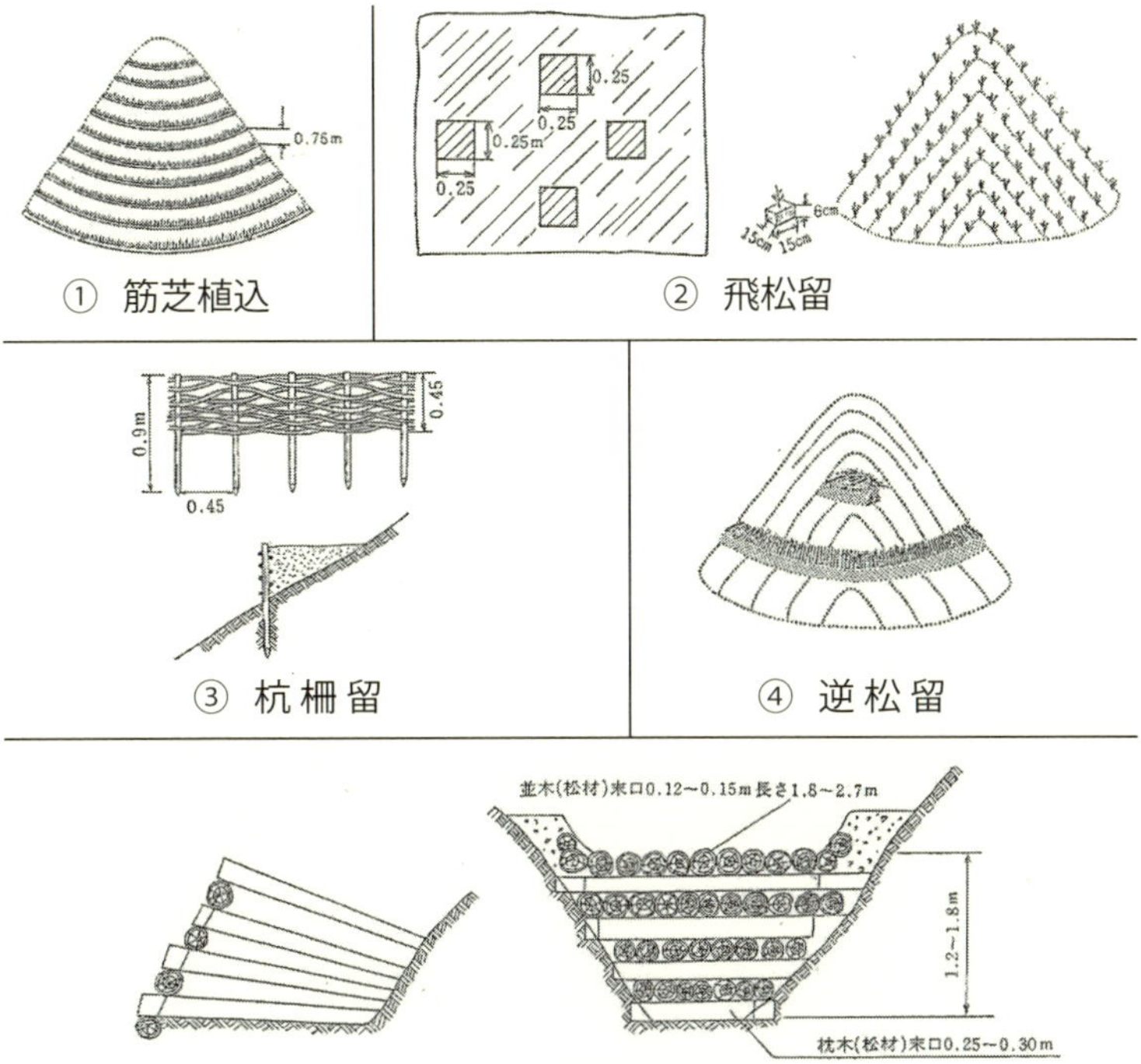

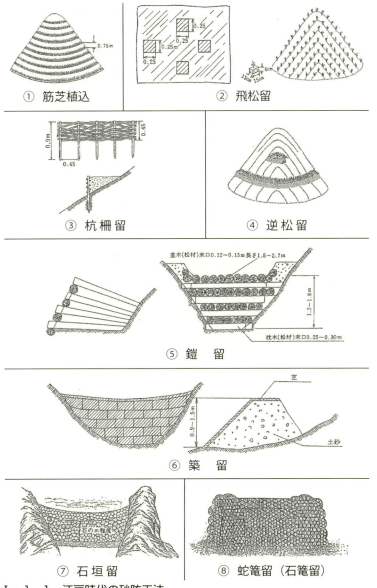

図Ⅰ－1－1　江戸時代の砂防工法

全国治水砂防協会編『日本砂防史』（全国治水砂防協会、1981 年）408 ～ 411 頁より作成。

の飼料に差し支えるなど、村の生産条件に抵触することも多かったのである。

しかし、一方で村側から奉行へ献策がなされることもあった。例えば、河内国交野《かたの》郡星田村（大阪府交野市）出身の吉田屋藤七（大坂道修町借家）による天明八年（一七八八）の献策があげられる。藤七は、淀川上流や支流の山で土砂留普請が行われているが、土砂流出が止まらないため、普請方法などについて次のように提案している。①まず山に植林して、渓流の所々に低ダムを設ければ、土砂が止まって川は自然に深くなっていく。②川上の普請を最優先すべきである。③裸地の表面侵食を防ぐと、樹木は早期に活着し、土砂流失を押さえる。④土砂留の仕事は、山奥まで詳しく見回らないと行き届かない。⑤薪は土砂の出ない山から採らせ、小百姓や出稼ぎの者は土砂留の普請で雇用すれば生活に支障はない。その他にも、普請方下役の人選、巡検費用の節減とその普請費用への振替などに至るまで指摘している。

以上みてきたように、村にとっては、個別支配の領主とは異なる土砂留役人が巡検のために来村し、恒常的に他藩の武士たちと接触することとなり、村人たちに新たな支配関係を創出したといえよう。これらの土砂留奉行らの管理・指導のもとでなされた土砂留は、基本的には村人の負担で行われていたのである。村人は、生活のために草肥や薪炭を獲得するなどのかたちで森林を利用したが、その利用は、森林をはげ山・草山化させ、土砂流出をもたらした。そのため、河川の流れを保ちつつ、災害を予防するために土砂留が不可欠であった。村人は森林を利用しながら、土砂留を行うというバランスの上に生活していたのである。

トピック　江戸時代の砂防工法

全国治水砂防協会編『日本砂防史』から江戸時代における土砂留の技術として、八つの砂防工法を概観したい（図Ⅰ－１－１を参照）。工法は、植栽工《しょくさいこう》（①②）・土留工《どどめこう》（③④）・谷止工《たにどめこう》（⑤⑥⑦⑧）に大別される。

貞享期（一六八四～八八）までの工事は、苗木の植え付け程度であったが、享保期（一七一六～三六）頃になると、次のような工法がはじめられる。①筋芝《すじしば》植込は、はげ山を一定の間隔で水平に掘り起こし、これに切り芝を並べ土砂で芝の間を塞ぐ工法（現在の筋芝工《すじしばこう》）、②飛松留《とびまつどめ》は、山腹に上下左右に一定の間隔で植穴《うえあな》を掘り、これに小マツを植え付ける工法、③杭柵留《くいさくどめ》は、山腹に小杭を打ち、割タケや粗朶《そだ》で柵をかく工法（現在の杭打柵工《くいうちさくこう》）、⑤鎧留《よろいどめ》は、渓間《けいかん》にマツ丸太を横にして枕木《まくらぎ》とし、その上にマツの小丸太を並べ数層に仕上げ、最上部にマツ丸太を横に据えて、裏面に粘土を詰め、左右に土堤を設ける工法、⑦石垣留《いしがきどめ》は、小谷筋にマツ丸太を横に敷き、その上に石垣を積み、裏に石を入れ、これに粘土を混ぜて突き固める工法である。

化政期（一八〇四～三〇）頃には、新たな工法が使われる。④逆松留《さかさまつどめ》は、山腹などにマツ粗朶を、梢《こずえ》を内側、根本を外側にして配列し、小口を少し出して土砂で埋め、これを数層積み重ねて積み上げる工法、⑥築留《つきどめ》は、小谷筋で日頃水のない渓間を横断して土砂で土堤を築き、その表面に芝を張る工法、⑧蛇籠留《じゃかごどめ》（石篭留《いしかごどめ》）は、石礫《せきれき》の流れる川に用いられ、タケ蛇篭をつくり、内部に詰石をして杭で止めて堰とする工法であった。

このように、江戸時代の土砂留は、苗木の植林を中心としながらも、あわせてマツ・タケ・粗朶・芝などの森林資源と石を利用した工作によって進められ、技術的にも発展していった。

【参考文献】

農林省編『日本林制史資料 津藩・彦根藩』（朝陽会、一九三一年）、大石慎三郎『江戸時代』（中央公論社、一九七七年）、塚本学「諸国山川掟について」（信州大学人文学部『人文科学論集』一三、一九七九年）、全国治水砂防協会編『日本砂防史』（全国治水砂防協会、一九八一年）、水本邦彦『近世の村社会と国家』（東京大学出版会、一九八七年）、『山城町史 本文編』（山城町役場、一九八七年）、『山城町史 史料編』（山城町役場、一九九〇年）、水本邦彦『近世の郷村自治と行政』（東京大学出版会、一九九三年）、水本邦彦『草山の語る近世』（山川出版社、二〇〇三年）、水本邦彦「近世の自然と社会」（歴史学研究会・日本史研究会編『日本史講座 六』東京大学出版会、二〇〇五年）、村田路人『近世の淀川治水』（山川出版社、二〇〇九年）、太田猛彦『森林飽和』（ＮＨＫ出版、二〇一二年）

（栗原健一）

二　岡山藩における森林荒廃と土砂流出

1　森林から「はげ山」へ

鉱石や石油などと異なり、森林は持続的な利用が可能である。ある程度のところで、草の採取や木の伐採を控え、その跡地を適切に管理すれば、森林は再び利用できるまでに回復する。しかし、森林の回復力を上回る利用が続けられれば、森林は次第に荒廃し、場合によっては草木のほとんどない、土砂がむき出しの「はげ山」になってしまう。江戸時代は、こうした森林のはげ山化が局所的に進行した時代でもあり、そのような地域では、雨が降るたびに土砂が河川へ流れ出て、しばしば問題になった。ここでは、全国でも比較的早いうちから森林が荒廃し、はげ山が出現・拡大したとみられる岡山藩（図Ⅰ－2－1参照）をとりあげて、その問題点や、解決のための様々な取り組みを紹介したい。

はじめに、森林のはげ山化が進んだ背景を探ってみよう。そこには、森林の回復力を上回るほどの、激しい草木の利用があったはずである。岡山藩で、資源としての草の価値が急速に高まったのは、一七世紀の前期から中期にかけてのことであった。その理由は、新田開発の展開と二毛作《にもうさく》の普及によって、肥料の需要が増大した点にある。また、肥料と一口にいっても、それまでは刈り採った草をそのまま耕地に敷き込んでいたのが、この時期になると厩肥《きゅうひ》を用いた農法が広まった点も見逃せない。厩肥とは、刈り採った草や藁《わら》を、牛馬の糞尿と混ぜ合わせて肥料にしたものである。これにともない、村々では多くの牛が飼育されるようになったため、飼料としての草需要も増大した。このように、一七世紀の前期から中期にかけて、百姓たちは肥料・飼料となる草を競うようにして刈り採り、多くの牛を放牧するようになったのである。寛文六年（一六六六）、当時農政・林政を担当していた郡奉行《こおりぶぎょう》は、領内の森林で、草が根こそぎ採られている様子を危惧《きぐ》している。こうした状況は、右のような草需要の急増が表面化したものといえよう。

一方で一七世紀中期には、「かくい」と呼ばれた木の根も盛んに採取されていた。この「かくい」の掘り採りは、豊かな森林を荒廃させ、ひいては、はげ山化させる重大な要因となる。「かくい」の採取が繰り返されれば、土壌は破壊されて地力も低下し、やがて森林は草木が生育できない環境へと変わってしまうからである。そのため、岡山藩は寛永一九年（一六四二）から「かくい」の掘り採り

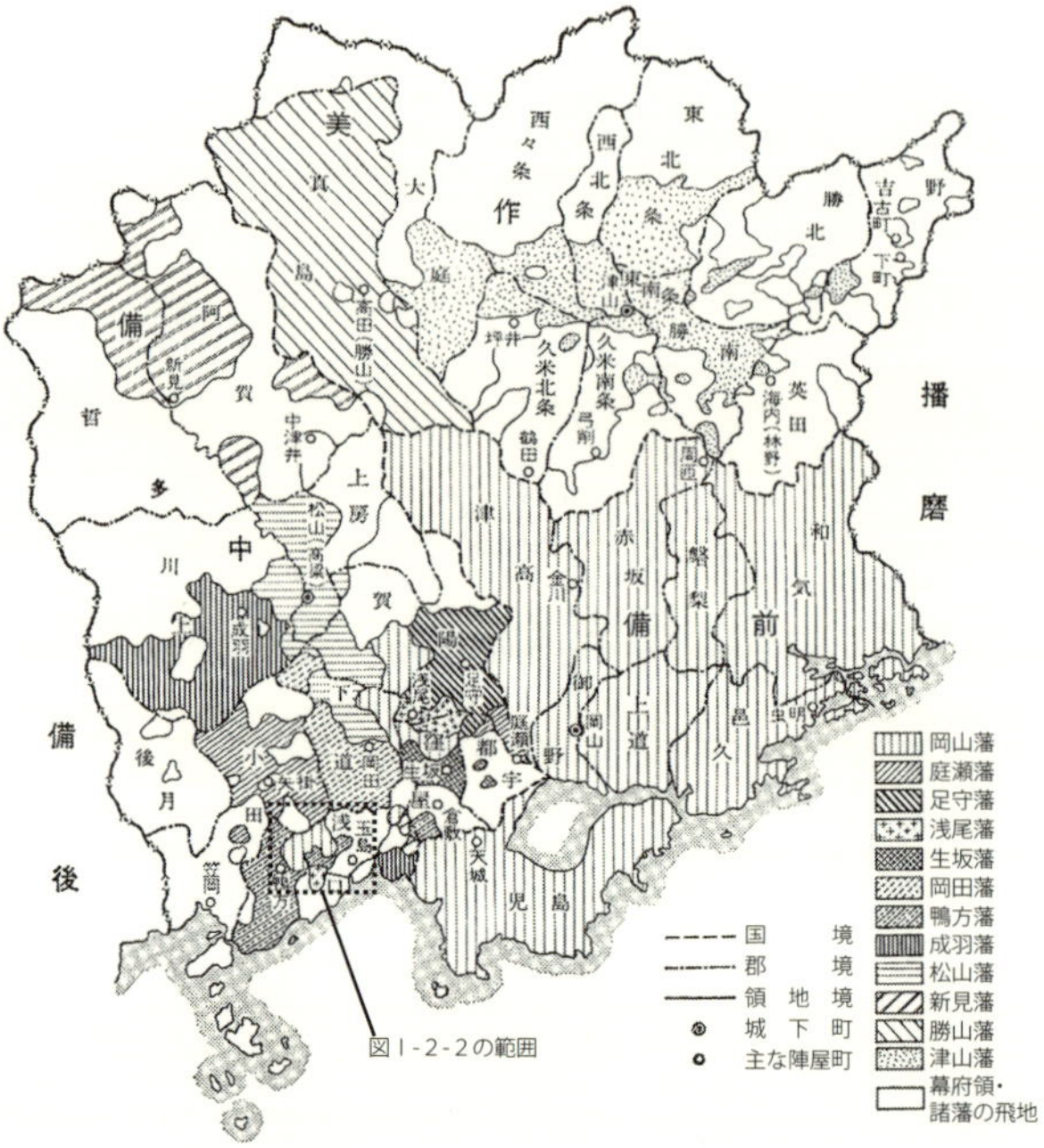

図Ⅰ－2－1　岡山藩と周辺地域（18世紀後半）

谷口澄夫『岡山県の歴史』（山川出版社、1970年）85頁の藩領域図をもとに、加筆修正して作成。

を禁じ、約一〇年後の承応三年（一六五四）にも、同様の内容を命じている。

それでは、こうした「かくい」の掘り採りには、どのような目的があったのであろうか。それを突き止めるための手掛かりになるのが、次の事例である。貞享元年（一六八四）頃、備前国《びぜんのくに》御野《みの》郡の村々は、「ともし松」の値段が高騰しているという理由で、岡山城にほど近い半田《はんだ》山の御林（藩営林）に残る「伐株根」を、「御救《おすく》い」として掘り採らせてほしいと出願した。従来、マツの「伐株根」を掘り採る行為は、「御山の為に悪敷く」との判断から停止されてきたが、このときの藩は、村々の事情を考慮してか、御山を荒らさないという条件を聞き入れて、それを特別に許可している（農林省編『日本林制史資料 岡山藩・広島藩』）。ここで登場する「ともし松」は、点火して照明に用いたマツのことで、「あかし松」とも称された。マツは松脂で知られるように、ほかの樹種とくらべて可燃性の樹脂を多く含む。特に根の部分は油分が多く、細かく割って台のうえで燃やすと、行灯《あんどん》よりも明るく周囲を照らしたという。こうした「ともし松」は、江戸時代の村々にとって夜間の貴重な光源であり、百姓自身の手で森林から調達されたほか、行商人などからも購入された。これらを踏まえると、経済的に「ともし松」を購入できない者や、夜業《やぎょう》のために明るい光源を求めた者が、マツの「かくい」を盛んに掘り採っていた状況を思い浮かべることができよう。

しかし、需要の高まりに応じてむやみに草木を利用し続ければ、森林はやがて荒廃し、土砂が河川へ流れ込むようになる。こうした過程を明瞭に把握し、特に「かくい」を掘り採ることのリスクを説いたのが、岡山藩主池田光政《みつまさ》に仕え、その側近として活躍した熊沢蕃山《ばんざん》（一六一九～九一）である。熊沢は、貞享三年頃の著作と考えられる「集義外書《しゅうぎがいしょ》」で、草を刈り尽くし、木を伐り尽くせば、土砂が河川へ流れ込んで川床《かわどこ》が高くなると説いた。さらに彼は、「今は草木を切りつくすのみならず、かくいまで掘り申し候、きりくいほりたる山は、猶以《なおもっ》て土砂多く川中にながれ入り候、後にとめ《（留）》山にしても、木の根ほりたる山は、五十年、三十年にては草木も有りつかぬものに候」と主張した（正宗敦夫編『増訂蕃山全集 第二巻』）。つまり、熊沢は草木だけでなく、「かくい」まで掘り採っている当時の状況を憂慮《ゆうりょ》し、そうした場所では土砂の流出がとりわけ激しく、たとえ「留山《とめやま》」に指定し、伐採を停止しても、三〇～五〇年は草木が生育しないと訴えたのである。草木の激しい利用によって森林がはげ山になることを、見事に表現しているといえよう。

以上のように、岡山藩では一七世紀の中期から後期にかけて、草木の根が盛んに掘り採られた。その結果、熊沢の説くように、草木が容易に生育しないはげ山が各地で出現し、大量の土砂が河川へ流出するようになっていた。以下では、その具体的な様相と対策をみていこう。

2　土砂流出の様相と対策

まず、備前国邑久《おく》郡の事例をとりあげよう。従来、大賀島《おおがしま》村・円張《えんばり》村・閏徳《じゅんとく》村・包松《かねまつ》村・大窪《おおくぼ》村の五か村（瀬戸内市）が、牛の放牧地として利用してきた場所は、延宝期（一六七三～八一）の時点ではげ山になっていた。そのため、河川を通じて土砂が田地へ流れ込み、村々の百姓たちが迷惑していた。これを受けた藩は、マツの植栽に力を入れるようになり、宝永五年（一七〇八）頃には、放牧地として従来通り利用できる場所がなくなってしまうほど、マツが繁茂したという。

右の事例でマツの育成が成功しはじめた一六八〇年代は、岡山藩で森林を保護・育成しようとする機運が高まっていた時代に当たる。たとえば、天和三年（一六八三）には、領内の「はげ山に矢の竹植え申すべき由」が命じられている（石井良助編『藩法集Ⅰ 岡山藩上』）。この「矢の竹」とは、矢柄の材料に用いたササの一種、ヤダケを指すのであろう。また、貞享元年（一六八四）には、はげ山を直接の対象としたものではないが、その土地に適した「相応の樹木」を育成することが村々に命じられた（石井良助編『藩法集Ⅰ 岡山藩上』）。

しかし、こうした努力によって、はげ山から森林へと回復した場所がある一方で、反対に草木の根を掘り採る行為などが跡を絶たず、森林の荒廃が進んだ場所もあった。その一つが、備前国津高《つだか》郡の南に位置する栢谷《かいだに》村と吉宗《よしむね》村（岡山市）が、入り会いで利用してきた苫田《とまだ》山である。宝永七年（一七一〇）の史料によると、近年両村が「熊手」を用いて草を根こそぎ採取するため、苫田山の土砂が河川へ大量に流出していた。この問題を重くみた藩は、翌年から三年間、山に入ること自体を禁じ、森林の回復を図っている（農林省編『日本林政史資料 岡山藩・広島藩』）。

また、享保八年（一七二三）には、これまで全ての森林から堤防・道端に至るまで、根の掘り採りを禁じてきたが、近年はそれが守られておらず、森林を荒廃させている点が問題視された。このままでは、「大雨の節、土砂田地へはせ込み」、麓の田地が「薄田」すなわち痩せた田地になってしまうという。そこで、根の掘り採りを厳禁する旨が、改めて通達されている（石井良助編『藩法集Ⅰ 岡山藩上』）。このように、依然として進行する森林の荒廃・はげ山化に対して、藩も手をこまねいていたわけではなかったのである。

ところが、一八世紀後半になっても、岡山藩の各地では土砂の流出が様々な問題を引き起こしていた。例えば、天明三年（一七八三）、備前国児島《こじま》郡の荘内川上流域では、「野山両平共荒れ、夥敷く砂流れ出で川埋まり」、「湿地相増し、並びに水難等間々これ有り」という状況が生じていた（吉田研一編『撮要録 上巻』）。これは、河川が「天井川」か、それに近い状態にあったことを示すものであろう。天井川とは、川床が周辺の地面よりも高い位置にある河川を指す。川床が土砂の堆積によって次第に高くなり、それに応じて堤防を高くすることを繰り返すと、ついには川床が周辺の土地よりも高くなってしまう。こうなると、河川が氾濫《はんらん》した際に、あふれた水を河川に戻ことは難しい。当時の荘内川流域では、こうした河川の天井川化によって、排水の困難な「湿地」が多数形成されていたのである。そこで、藩は山《やま》村・白尾《しろお》村・田之口《たのくち》村の三か村（倉敷市）が入り会いで利用してきた採草地を残し、残る八〇町歩余りを留山に指定して、森林の回復を目指した。

また、寛政七年（一七九五）には、備中国浅口《びっちゅうのくにあさくち》郡上竹《かみだけ》村（浅口市）の森林から、竹川（図Ｉ－２－２参照）へ土砂が流出している点が問題となり、下流に位置する鴨方《かもがた》藩（岡山新田藩）領の八重《やえ》村（浅口市）と道越《みちごえ》村（倉敷市）から、数か所にわたって「砂留」を設置してくれるよう出願があった。これに対し、上竹村は山裾《やますそ》数百間にわたってマツ林を育成すれば、「土砂流れ出で候儀相止み、砂留御普請願い上げ候にも申すに及ぶ間敷く」と述べ、砂防工事よりも、マツ林の育成によって土砂の流出に対処しようとした。しかし、今度は岡山藩領の占《うら》見《み》村・下竹《しもだけ》村（浅口市）と鴨方藩領の占見新田《うらみしんでん》村（浅口市）が、山裾を採草地として利用したいという理由からマツの植栽に反対した。これにより、上記六か村は土砂流出の対策をめぐって争論になった。この争論は、結局周辺村々の執り成しによって、「当時流れ出で候土砂、余程に御座候」との見解に基づき、「御物方御故障これ無く、御勝手筋に相成り候様」、①四か所に砂留を普請し、その費用は岡山藩

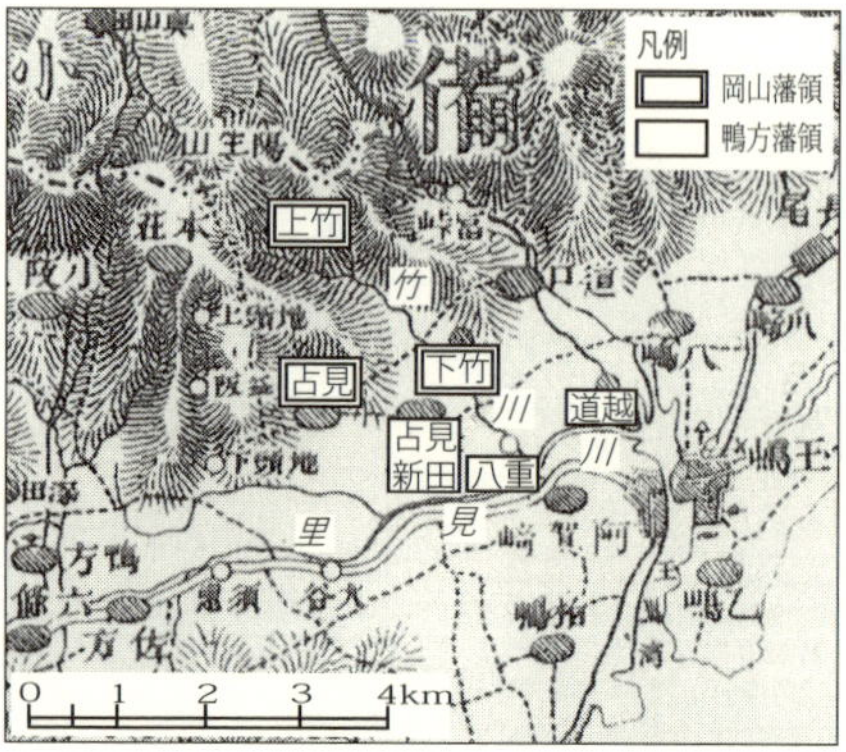

図Ｉ－２－２　浅口郡竹川の流域（明治21年）

竹川は八重村で里見川と合流し、玉島湾に注いだ。「輯製二十万分一図復刻版 岡山県全図」（『日本歴史地名大系 第34巻 岡山県の地名』平凡社、1988年）をもとに、加筆修正して作成。前掲図Ｉ－２－１も参照。

領の上竹村・下竹村と鴨方藩領の八重村・道越村の間で折半すること、②三か所へマツ林を育成すること、③以前から「御法度」である「木の根堀り取り」についても充分に取り締まることなどで和解した（吉田研一編『撮要録 上巻』）。砂留の設置は、長期間を要する森林の育成よりも、土砂の流出対策として即効性がある。ただし、森林の荒廃という要因を取り除かない限り、河川への土砂流出は根本的に解決しない。関係村々は、竹川への土砂流出が激しいことを受けて、砂防工事とマツ林の育成を組み合わせた、実践的な対策を採用したのである。

なお、右の事例からは、土砂流出対策としてのマツ林の育成が、他方では周辺村々による採草を妨げることに繋がった様子も窺える。これと同様の事例が、備前国磐梨《いわなし》郡でもみられる。文政四年（一八二一）、同郡の南に位置する大内《おおち》村と肩脊《かたせ》村（岡山市）は、両村の森林が荒廃して「降雨の毎度、池・川・御田地迄も砂馳せ込み」困っているので、それを防ぐためにマツを育成したいと主張した。ところが、この森林を入り会いで利用してきた江《え》尻《じり》村と沖《おき》村（岡山市）は、マツ林になってしまうと「肥草刈り場」に不自由するので、それには賛同できないと訴えた。こうした意見の食い違いは、やがて争論へと発展し、藩による見分と吟味が実施された。この結果、藩は土砂流出の有無にかかわらず、全てをマツ林にしたいという大内・肩背両村の出願は容認しがたいが、土砂が多く流出している場所であっても、マツ林の育成に反対する江尻・沖両村の主張も採用できないとし、採草と並立できるよう、一〇か所に限ってマツを育成するよう裁定した（吉田研一編『撮要録 上巻』）。

以上のように、岡山藩では森林の荒廃・はげ山化が進行した一方で、それを防ぎ、河川への土砂流出を抑制する様々な取り組みが重ねられた。こうした事例からは、ひとたび荒廃してしまった森林が、どのような被害を流域の村々に与えてきたのか、草木の利用と保護・育成のバランスを保つのがいかに難しく、そして重要であるかを読み取ることができよう。

トピック　明かりを運んだ「ざるふり」商人

夜間の光源となった「あかし松」は、百姓自身の手で森林から調達されたほか、岡山城下町などから行商にやって来る「ざるふり」商人から購入されることもあった。天秤棒《てんびんぼう》を担ぎ、村々で品物を売り歩く彼らの姿は江戸時代のはじめからみられたが、承応四年（一六五五）には、村々の風俗・習慣に悪影響を与えるという理由で全面的に禁止された。しかし、四年後の万治二年（一六五九）以降は、販売品目などに制限があったものの、村々での行商が認められるようになっていった。

寛文八年（一六六八）に「ざるふり」商人が販売を許された品目数は一一で、そのなかには塩・茶・農具などとならんで「あかし松」の名がみえる（石井良助編『藩法集Ⅰ　岡山藩下』）。さらに、天和三年（一六八三）になると、右の一一品目のほか、新たに「とうしん」や「付木」などの行商が許可された（石井良助編『藩法集Ⅰ　岡山藩上』）。この「とうしん」は灯心のことで、行灯などの油皿《あぶらざら》に浸して、火を灯すのに用いた細い紐状のものである。もう一つの「付木」は、一端に硫黄《いおう》を塗った薄い木片を指す。これで灯心に火を点け、明かりを灯した。こうした「ざるふり」商人の行商品目だけをみても、この時期に村々で行灯の使用がかなり広がっていたことが窺える。

ただし、行灯が普及しても、「あかし松」の需要は依然として高かった。そのことは、貞享元年（一六八四）頃における「ともし松」の値段高騰と「伐株根」の採取願い（本文参照）が雄弁に物語る。このように、「あかし松」の明かりは、江戸時代の村々にとって夜間の貴重な光源であったのである。

【参考文献】

農林省編『日本林制史資料 岡山藩・広島藩』（朝陽会、一九三〇年）、遠藤安太郎編『日本山林史 保護林篇 上』（日本山林史刊行会、一九三四年）、遠藤安太郎編『日本山林史 保護林篇 資料』（日本山林史研究会、一九三六年）、石井良助編『藩法集Ⅰ 岡山藩上』（創文社、一九五九年）、石井良助編『藩法集Ⅰ 岡山藩下』（創文社、一九五九年）、吉田研一編『撮要録 上巻』（日本文教出版、一九六五年）、吉田研一編『撮要録 下巻』（日本文教出版、一九六五年）、谷口澄夫『岡山県の歴史』（山川出版社、一九七〇年）、正宗敦夫編『増訂蕃山全集 第二巻』（名著出版、一九七八年）、塚本学「諸国山川掟について」（信州大学人文学部『人文科学論集』一三、一九七九年）、岡山県史編纂委員会編『岡山県史 第八巻 近世Ⅲ』（岡山県、一九八七年）、千葉徳爾『増補改訂 はげ山の研究』（そしえて、一九九一年）、磯田道史「近世村落成立期の農業と藩農政」（岡山藩研究会編『藩世界の意識と関係』岩田書院、二〇〇〇年）

（芳賀和樹）

三　尾張藩の砂留林と水野千之右衛門

1　尾張藩の御林と管理・利用

尾張藩は徳川家康から拝領した信濃国の木曽山に象徴されるように豊富な山林資源を保有していた。しかし、江戸初期に木曽地域の木々は、江戸城や駿府城・名古屋城などの相次ぐ城郭建築や武家屋敷・寺社・町家などの城下町建設にともない、大量に用材として伐採されたため、山林の乱伐がすすみ、やがてその資源は枯渇していった。そこで、尾張藩では寛文期（一六六一～七三）と享保期（一七一六～三六）を中心に林政改革が実施された。寛文期の林政改革では、木曽代官山村氏の権限を大幅に縮小して、藩が直接山林支配・運営を行い、御留山を設定するなど、乱伐の防止が図られた。享保期の改革ではヒノキ・サワラ・マキ・アスナロ・ネズコのいわゆる「木曽五木《ごぼく》」を停止木《ちょうじぼく》とし、クリやマツなども家作用材の保続のために留木《とめき》とするなど、山林資源を維持・管理する施策がとられ、木曽山の恒久的活用が図られた。また、用材としての高木《こうぼく》類の乱伐とともに、自給肥料としての林床《りんしょう》に生える草や低木《ていぼく》類の利用も問題となった。近世農業における主な肥料は草肥《そうひ》であり、刈敷《かりしき》などを確保するために伐採や火入れによって山林が草山・芝山化していったのである。草肥需要の増加にともなう山林の減少と荒廃は、用材の確保が困難になるだけでなく、山林の持つ水土保全機能の低下を招くことにもなった。

こうした山林の環境変化に対処するため、一七世紀には幕府や諸藩によって「御林《おはやし》」と称した多くの直轄林が設定された。尾張藩の御林は、領民が藩の許可なく立ち入って、伐採や草木の採集を行うのを禁止するために設定され、御林山・御留山《おとめやま》・御留林《おとめばやし》・不入御林などと称された。御林内の樹種は主としてマツであった。村々に一定の利用を認める平御林（平山）もあり、年貢負担のない平山と山年貢を納入する代わりに百姓の実質的な持ち山のように扱われた定納《じょうのう》山（ただし樹木の伐採や開墾には藩の許可が必要）があった。とくに尾東地域と称される尾張国東部から知多《ちた》半島にかけては広範囲にわたって丘陵地帯となっており、この地域に数多くの御林が設定された。はじめは愛知《あいち》郡・春日井《かすがい》郡を中心に設定され、寛文・延宝期（一六六一〜八一）から元禄期（一六八八〜一七〇四）にかけて不入御林・御留山を拡張し、藩有林の支配が強化された。天明期（一七八一〜八九）には一五二か村・九二か所にもおよび、その規模は三〇四一町歩余であった。知多郡においてもとくに元禄期以降に広範囲にわたって御林が設定された。御林内の伐木をめぐる御林奉行の書付には、「御囲いの御場所にて伐木等容易に仕り難く、諸木生長繁茂の儀第一に相守り、御締り方格別取り計らい候儀に御座候」（『瀬戸市史 資料編四・近世』）と記されており、御林は藩の管理によって保護され、良木が多数生育できる環境を維持していく領域として認識されていた。

尾張藩における山林支配は、地方支配を統轄していた国奉行《くにぶぎょう》の配下にあった山奉行と、御用人（側用人・国用人）の配下で藩主の御側御用を務めていた水野御案内役（水野御案内の者）との二系統で行われており、前者を「山方」、後者を「御林方」と称した。水野御案内役とは藩主が水野山（春日井郡）の御林で鷹狩りや鹿狩りを行う際に御側向の御用を務める役職で、この地域を在所とする水野氏が代々世襲していた。水野致重の代となる寛永五年（一六二八）に「御林御預ケ御側向同様相勤申候」との記録があり、以後木曽地域を除く藩の直轄林支配を務めることになった。ただし、元禄期以降、御林の拡張政策が展開されるなか、「山方」である山奉行が支配する御林も存在しており、当初から「御林方」の水野氏が全ての御林支配を担当していたわけではない。

御林支配専門の役職として御林奉行が成立したのは、正徳六年（一七一六）四月のことで、水野正秀が三〇石五人扶持で召し出されている。そして、享保一一年（一七二六）九月には管轄の変更が実施され、愛知郡・春日井郡の御林と定納山・平山の支配を御林奉行水野正秀、知多郡の山林を山方・野方奉行がそれぞれ管理することになった。しかし、知多郡の御林も、安永九年（一七八〇）一一月に山方・野方《のかた》奉行から御林奉行の支配となった。天明元年（一七八一）五月、御林奉行は新たに設置された水野代官を兼帯することになった。この時期、九代藩主徳川宗睦《むねちか》は農政の安定化と円滑な年貢徴収の維持を図るために、地方支配機構の改革に着手しており、その支柱となるのが、所付代官制の導入であった。これは、領内に国・郡、および蔵入地・知行地の区別なくあらためて支配領域を設定し、各地域に陣屋を置いて代官を常駐させる制度である。この改革で、地方支配機構は国奉行（のち勘定奉行）・所付代官によって一元化されたのである。こうしたなかで、所付代官のうち、佐屋《さや》代官・北方《きたかた》代官、そして水野代官は、安永九年における山林支配の一元化にともない、御林奉行と兼帯することになり、山林（高外地）支配と地方（農地）支配の統合と強化が図られた。

御林奉行の下には手代《てだい》・御案内役・足軽《あしがる》（同心）・中間《ちゅうげん》などがおり、上席の手代のなかには御案内役を兼任する者もいた。御案内役は一組三人ずつ一〇組に組割りされて廻り口を分担した。また、足軽（同心）には内勤の役所内詰足軽と外勤の山廻《やままわり》足軽があり、山廻りは一組に二人ずつ五組に編成され、常時御林・平山の見廻りを行った。見廻りの際には盗木《とうぼく》や無断の下草刈りを取り締まるとともに、山崩れなどの土砂災害にも留意していた。

2　砂留林の設定と水野千之右衛門

尾張藩の御林方は、植林や苗木の手入れ、伐木など用材確保のための管理とともに、砂留普請・用水普請など、治山治水に関わる重要な職務を担っていた。また注目すべきことは、陶土の採掘や薪木伐採、築窯の許可といった窯業とも深い関わりをもっていた点である。中世以来、窯業がさかんであった瀬戸周辺の丘陵地域では、陶器の材料である陶土の採掘、陶器生産のための薪炭や焚木利用による伐採で荒廃し、尽山《つきやま》となってしまった。尾張藩の御小納戸《おこなんど》で画人でもある内藤東甫《とうほ》が編纂した「張州雑志《ちょうしゅうざっし》」には、一八世紀後半（明和・安永期頃）における瀬戸地域の様相が描かれているが、山は見渡す限り禿げ山となっている。そのため多量の土砂が流下するたびに河川に堆積して川床が高くなり、暴風雨により大洪水を引き起こす要因となっていた。領内の大河川である矢田川・庄内川の上流は窯業地域に位置するため、土砂の流出による堆積が激しく、正徳元年（一七一一）、享保六年（一七二一）、宝暦七年（一七五七）、明和四年（一七六七）、安永八年（一七七九）には大規模な洪水の被害を受けた。なかでも「明和の大洪水」での被害は甚大で、堤防の決壊は三四八か所、田畑への土砂の流入面積は二六三九町歩におよび、二〇〇〇人以上の死者を出す事態となった。また、尾張東部丘陵地域から知多地域にかけては、庄内川水系を除くと大きな河川が少なかったことから、灌漑施設として雨池が多く造成されていたが、その雨池も大洪水により決壊した。「寛文村々覚書」によると、尾張国内の雨池は一四二九か所にもおよび、そのうち丘陵地域の愛知郡は三四六か所、春日井郡は一八五か所、丹羽郡は三三か所で、知多郡が最も多く八六四か所であった。

こうした度重なる大洪水の被害に対し、庄内川周辺の村々からの嘆願もあって、安永八年に九代藩主徳川宗睦は、勘定奉行水野千之右衛門《せんのえもん》を普請奉行に命じ、御用人の人見弥右衛門（璣邑《きゆう》）とともに庄内川の普請と水勢を抑えるために支流の開削を命じた。開削は天明七年（一七八七）に完了し、この支流は「新川」と名付けられた。水野千之右衛門は名を允といい、岷山《みんざん》、絅斎などと号した。先祖は初代藩主徳川義直《よしなお》の代から仕えており、千之右衛門は享保一九年四月二日に八代藩主宗勝《むねかつ》に仕えていた水野将矩の三男として生まれた。幼少時より実学を修め、とくに儒者熊沢蕃山《ばんざん》の治山・治水思想の影響を受け、それに基づく河川普請や植林の実践を目指していった。明和元年に留書《とめがき》（文書を作成・管理する役職）となって以後、右筆《ゆうひつ》などを歴任し、やがて勘定奉行元方、杁《いり》奉行の兼任で一五〇石、廩米《りんまい》一〇〇石取りとなった。庄内川の普請と新川の開削の後も普請奉行として日光川（尾張国西部）の改修など治水に尽力したが、一旦普請奉行を解任された。しかしその後も岐阜奉行、国奉行を歴任し、普請奉行に再任された。文化一四年（一八一七）には、これまでの治水に対する功績が高く評価され、長囲炉裏《ながいろり》番頭格《ばんがしらかく》に就任し、計二〇〇石に加増された。そして、文政五年（一八二二）二月一六日に八九歳で死去した。千之右衛門が普請奉行を解任されたのは、一連の普請・開削工事に当初の予想を超えた莫大な費用がかかったためといわれている。しかし、普請の重要性を説いて藩に請願したため、工事は続行され、無事完成することができた。文政二年には名普請奉行としての千之右衛門の功績を讃えるため、新川の北岸（現・北名古屋市）に「水埜士惇君治水碑」が建てられた。

庄内川の普請や新川の開削とともに、この頃尾張藩では御林や定納山にマツを中心とする植林が計画的に実施された。このときマツの他にスギやハンノキなども植林している。天明二年には、砂留を目的とする植林が本格化し、河川の源流にあたる地域や雨池が造成されている各村庄屋に対してマツ苗の植栽を奨励した。砂留を目的とする植林は「水源普請」と称され、樹木の保護と管理が徹底された。こうして主要河川の源流にあたる愛知郡・春日井郡・丹羽《にわ》郡の山々と知多郡に多く造成されていた雨池の背後には、水源涵養《すいげんかんよう》・土砂扞止《どしゃかんし》の目的で「砂留林」（砂留山）が設定された。元禄一七年（一七〇四）二月付の知多郡小鈴谷《こすがや》村惣百姓からの請書には「銘々定納山、右の御留山今度雨池砂留山仰せ付けられ候」と記され、元文元年（一七三六）の「知多郡加木屋御山方諸事御改帳」には「大堀池砂留山」など三町七反七畝余りの砂留山の記載があるなど、すでに明和・安永期の大洪水以前に砂留林の存在が確認できるが、このような事例は管見の限り限定的である。先述の通り、安永九年一一月に知多郡の御林が御林奉行の支配に戻されたが、その理由として「御林山に砂留の事近来御普請不行届に付き、このたび御林奉行支配になれるに付いては手抜きこれなき様」（「尾張徇行記」）と、砂留普請が行き届いていなかったことがあげられている。前年の大洪水による被害を教訓にして、これ以後砂留林の増設を徹底させる方針が打ち出されたといえよう。

安永九年以降、藩の方針により各村に砂留林が設定されたことは、文政五年に編纂された「尾張徇行記」からも確認することができる。いくつか事例をあげておくと、例えば愛知郡植田村の項には「砂留林五町三反三畝十二歩」との記載があり、春日井郡上志段味村は「御林方砂留林三町歩」、知多郡熊野村は「砂留林一反一畝三歩」であったことがわかる。愛知郡八事村には、御林七町九反五畝、平山一三八町二反九畝四歩、定納山二五町一反二畝二三歩の他、砂留林として五反分あったことがわかる。これを嘉永二年（一八四九）四月に作成された同村絵図（徳川林政史研究所所蔵）で詳細を見てみると、不入御林は三七町、御林は八二町五反五畝三歩、定納山は二四町九反五畝三一歩となっているが、引き続き村の南側に「砂留御林」が五反の規模で設定されていたことが確認できる。また、知多郡では一九世紀初頭（文化・文政期）には約三〇八町歩におよぶ砂留林が設定されていた。同郡姫島村の場合、御林は七町五反一畝六歩、平山は七反四畝二六歩、定納山は一町五反三畝一歩、砂留林は八反三畝二一歩であった。天保一二年（一八四一）五月に作成された同村絵図（図Ⅰ－３－１参照）を見てみると、「砂

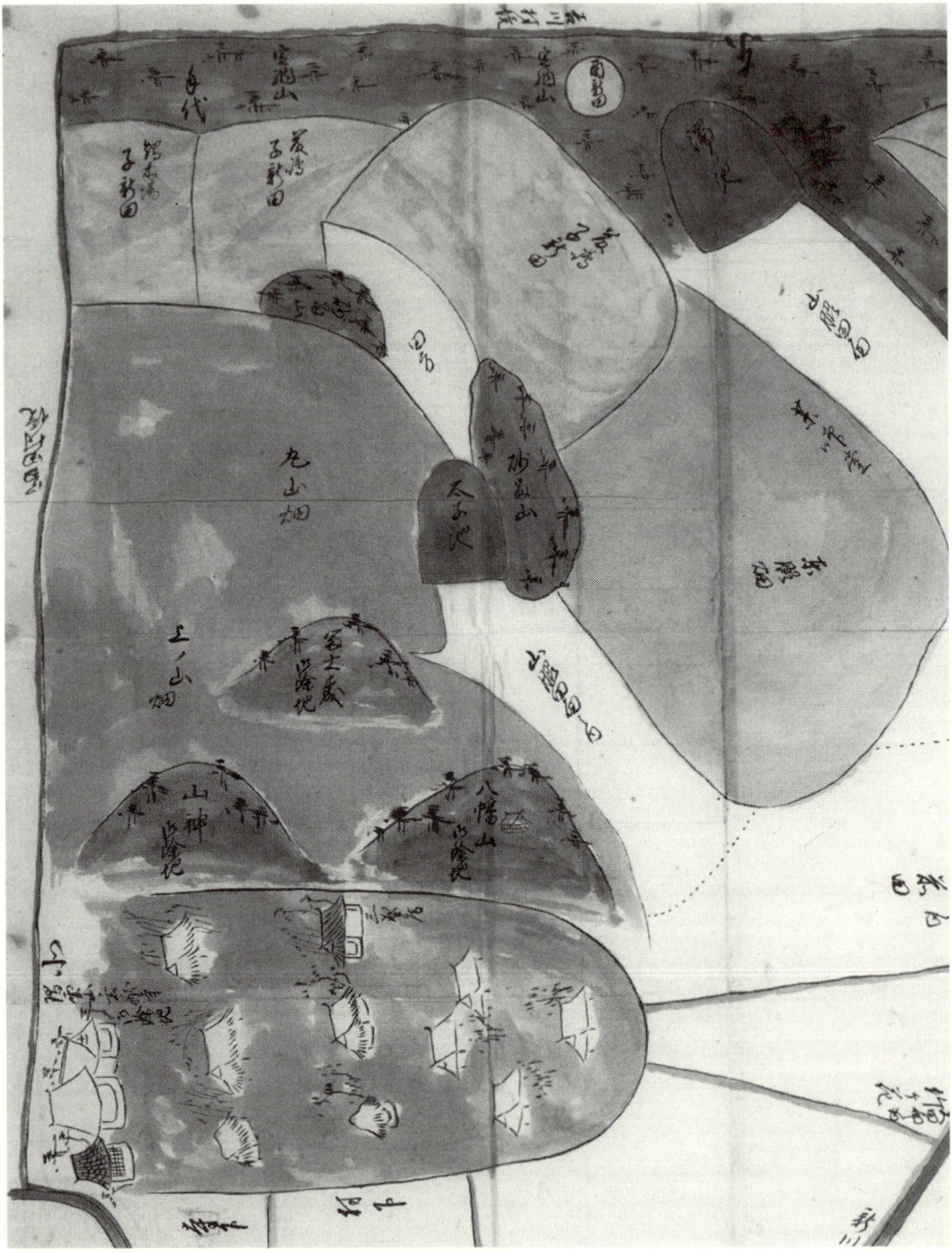

図Ⅰ－3－1　知多郡姫島村の絵図

徳川林政史研究所所蔵。雨池の１つである太子池の背後や新田の近くに「砂留山」が設定されていたことがわかる。

留山」の表記があり、雨池の一つである太子池の背後の山が砂留林となっていたことが確認できる。

このように、御林方の管理の下で「御林方砂留林」「砂留御林」が設定され、土砂留め、および雨池の保安林として機能することが期待された。水野千之右衛門が語った治水論は、千之右衛門歿後一〇年を経た天保四年三月に門弟の沢重清によって「岷山先生治水伝」としてまとめられたが、砂留林については、「山に樹木を植え又山の洲留めをなす事は、今年なしたる功の明年顕はるべき事にあらずして、気の長き計なれば、主宰能々《よくよく》心を用ひずんば年々怠り勝になるものなり」と述べられている。すなわち、植林による砂留めは長期的な事業であるため、管理を怠ると砂留林とその周辺も例外なく田畑を新規に切り起こすなど、開発の対象とされる危惧を指摘している。そこで、「水源普請」「砂留普請」と称された砂留を目的とする植林を重要な水土保全策と位置づけていた尾張藩は、御林奉行配下の山方同心による御林内の見廻りを強化した。嘉永七年に山方同心を勤めていた稲葉勝由の日記には、「今朝岩作村へ行、砂留さい許、御陣屋より伊藤伝三郎砂留見分に見へる」（「春日井市稲垣家文書」『愛知県史 資料編一七』）とあり、御林内の砂留林の検分を行っている。また、慶応三年（一八六七）に山方同心を勤めていた加藤正左衛門の日記にも「昨日大雨に付き、瀬戸村砂留御普請所水災見廻りに勘蔵同道相越し候、右損所等中根左忠次へ申し達し候」「水源村々留山の内見廻りとして松本勘蔵同道相越」（「加藤正左衛門日記」『瀬戸市史 資料編四・近世』）と書き記されており、砂留普請箇所の水災による土砂の状況検分や「水源村々留山」（砂留林）の巡回を行っていたことが確認できる。

砂留林には主としてマツが植林されたが、水野千之右衛門は「岷山先生治水伝」のなかで、「松山」は土砂を流しやすく、下流に押し出されて川底をあげる危険性があるとし、「明和の大洪水」による山崩れの要因は「愛知・春日井の山は山浅くして岩なし、その上松ばかり多くして雑木茂らず」という状況によるものと指摘している。

そこで千之右衛門は、砂留林にはマツだけでなく、雑木が生育している必要があると説いている。すなわち、「水源の山谷を常々養い、雑木を茂らすべき事に能々心を尽すべし、雑木茂る時は水気自ら生じ、その上雨降れば落葉に水を含み、谷水常に絶えずして用水乏しからず、又、洪水の節、水勢にて土浮立つといえども、雑木の根にて土をからみ、破らるべき土も是が為に引き締められ、山の抜け崩れるる事有るべからず」と、雑木林には土砂扞止の強化や水源涵養の効用があると主張している。ただし、雑木林の保全は領民の山林利用との関係から困難な事業であるとも指摘している。このような状況をふまえて、尾張藩では砂留林を御林の一部として設定し、常時山方同心を巡回させて、領民の入山を制限するなど管理体制を強化したのである。その結果、砂留林内ではこれまで下草の段階で刈り取られていた常緑広葉樹の幼木が生長した。このように、長い年月をかけて松と雑木が混生した環境を整えることにより、藩は砂留林の水土保全機能を高めようとしたのである。

現在も山林環境の荒廃が要因で、毎年のように各地で暴風雨や台風などによる甚大な土砂災害がもたらされており、その対応が緊急的課題となっている。土木工学の発展に基づく高度な技術によって実施されている砂防工事は、国土保全と日常生活の安定のために必要不可欠な事業となっているが、江戸時代における国土保全・災害防止の観点から展開された山林保護政策を検証し、今こそ山林のもつ水土保全機能を見直すことが必要なのではないかと思われる。

トピック　マツタケ狩りにみる御林の環境

尾張藩の御林の大半はマツ林で樹種はアカマツが多かった。良質のアカマツ林にはマツタケをはじめとするキノコ類が自生し、なかでも愛知郡植田村の北東部に位置する植田御林は「松茸山」と称された。マツタケは毎年御用茸として藩主や簾中《れんちゅう》、親族などに進上されたため、御林奉行はマツタケの生育状況を把握しながら毎年採取した。江戸において進上するための御用のマツタケは贈答品して重宝された。

藩主とその家族は在国中に自ら御林に入ってしばしばマツタケ狩りを楽しんでいた。例えば、宝永六年（一七〇九）九月には、四代藩主徳川吉通《よしみち》が御林奉行の案内で植田御林でマツタケ狩りを行い、一〇〇〇本余りを採取したとの記録が残されている（「鸚鵡籠中記」徳川林政史研究所所蔵）。マツタケ狩りの際には藩主の御側に仕えた家臣が随行し、山内には詰所や番所が設置され、御林奉行配下の手代・御案内役・足軽（同心）によって万全の監視・警備体制がしかれた。また、藩主は御側に仕えていた奥向家臣にもマツタケ狩りを許可することがあった。江戸後期になると、「松茸山」とまで称された植田御林のマツタケの生育が良くない時が多くなった。文化六年（一八〇九）九月には、今後奥向家臣が植田御林でマツタケ狩りを行うことが禁止となった。弘化三年（一八四六）九月のマツタケ狩りは東谷御林（春日井郡下水野村）で実施されたが、文久二年（一八六二）九月には、御林内のキノコ類の生育が全体的に悪いため、ついに延期となった。

マツタケをめぐる山林環境は、御林を管理する職務を担っていた御林奉行にとって重要な関心事であり、御林とその周辺地域の自然環境の変化を把握するうえでの指標になっていたといえよう。

【参考文献】

「尾張徇行記」（名古屋市教育委員会編『名古屋叢書続編』第四巻〜第八巻、名古屋市教育委員会、一九六四〜六九年）、「岷山先生治水伝」（名古屋市教育委員会編『名古屋叢書 第十一巻』名古屋市教育委員会、一九六二年）、名古屋市編『名古屋市史・人物編』（国書刊行会、一九八一年）、神谷智「元禄期尾張藩の山方支配と『知多郡代官』」（『知多半島の歴史と現在』六、一九九五年）、瀬戸市史編さん委員会編『近世の瀬戸』（瀬戸市、一九九六年）、青木美智男「近世尾張国知多郡の『雨池』保安林」（『知多半島の歴史と現在』一〇、一九九九年）、鈴木重喜「尾張藩山林支配と林奉行所」（『瀬戸市史近世文書集』七、二〇〇〇年）、大塚英二「尾張藩山同心の日記から見た藩主家族の松茸狩り」（『愛知県立大学文学部論集』五一、二〇〇三年）、水本邦彦『草山の語る近世』（山川出版社、二〇〇三年）、白根孝胤「尾張藩御林の管理・利用形態と茸狩」（徳川林政史研究所『研究紀要』四三、二〇〇九年）、愛知県史編さん委員会編『愛知県史 資料編一七・近世3・尾東・知多』（愛知県、二〇一〇年）、小野知洋「金城台の地学的・地理学的・生態学的歴史を探る」（『金城学院大学論集 自然科学編』九―二、二〇一三年）

（白根孝胤）

Ⅱ 水源を育む

新潟県中頸城郡板倉村（上越市）の水源涵養林

昭和初期頃の様子。遠藤安太郎編『日本山林史 保護林篇 下』（日本山林史刊行会、1934年）140頁より引用。

一　秋田藩における水野目林の保護・育成

1　「御札」と絵図にみる水野目林

日本海に面し、冬に積雪の多かった秋田藩（図Ⅱ－1－1参照）は、春になると土壌の養分が豊富に溶け込んだ、大量の雪解け水に恵まれた。ただし、雪解け水を稲作などへ活用するためには、河川上流の山林を適切に管理することが不可欠であった。もし、これらの山林が荒廃して水源涵養《かんよう》機能を充分に発揮できなければ、雪解け水は一気に河川へ流れ込み、場合によっては洪水となって田畑や屋敷を襲うからである。また、山林の水源涵養機能が低下すると、雪解け水だけでなく、降った雨水もすぐに流れ去ってしまい、日照りが続けば水不足に悩まされる。このため同藩では、特に農業用水の安定供給を目的にして、「水野目林《みずのめばやし》」と呼ばれる水源涵養林が保護・育成された。その数は、江戸後期の時点で、確認できるものだけでも約三〇〇に昇る。本稿では、こうした水野目林の歴史を、藩と村の両方に目を向けながら繙《ひもと》いてみたい。

はじめに、藩がどのように水野目林を把握し、保護・育成しようとしたのかを、「御札山《おふだやま》」制度との関わりで説明しよう。御札山とは、藩が利用を厳しく制限した山林を指し、元和期（一六一五～二四）頃から、領内の各地で設定されたものである。水野目林の多くは、この御札山に指定されていた。なお、ある山林を御札山に指定

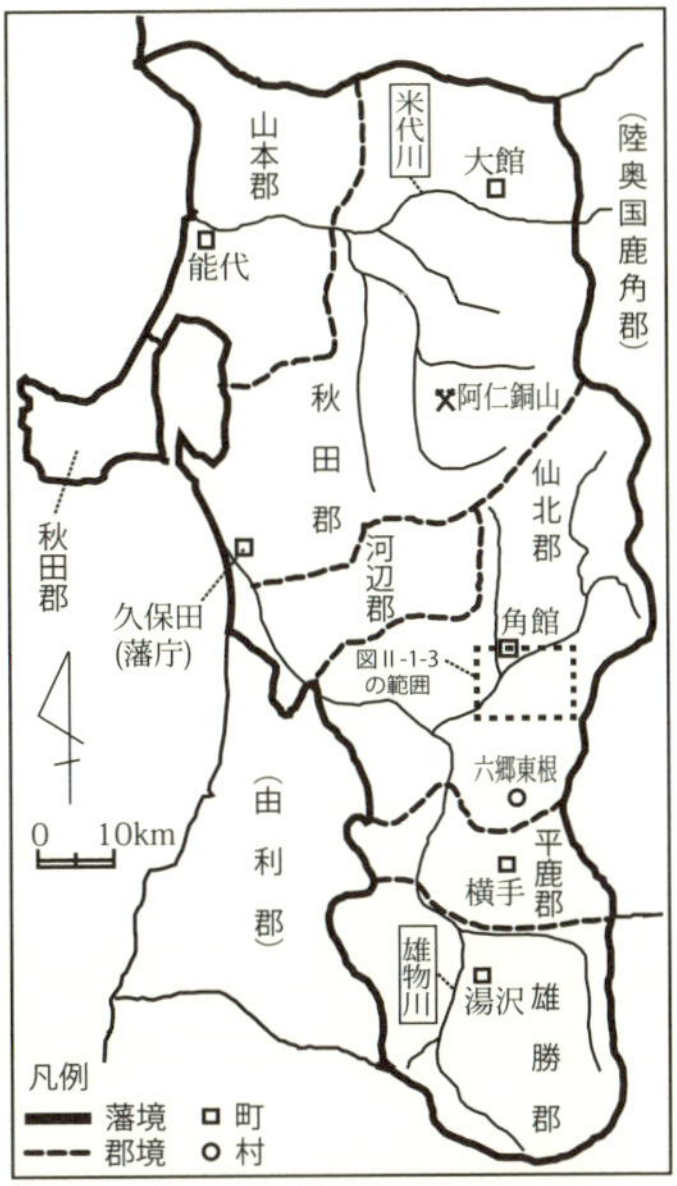

図Ⅱ－１－１　秋田藩の概略図
秋田県編『秋田県林業史 上巻』（秋田県、1973年）104頁の図をもとに、加筆修正して作成。米代川流域には山林が多く、雄物川中下流域には水田が多い。

する際には、藩がその区域や利用制限の理由を記した木製の「御札」を麓《ふもと》の村に交付し、村の代表者である肝煎《きもいり》などを通じて該当する山林へ掲示させた。そして、交付した御札の記載内容は帳面に控えられ、藩政の中枢である評定所《ひょうじょうしょ》で保管されることになっていた。

　ところが、年月の経過とともに右の帳面には不備が生じ、実際の御札と内容などが一致しない事態となった。そこで、藩は文化〜文政期（一八〇四〜三〇）になると、その記載内容を一つ一つ点検して、「山林御札控」（国立公文書館所蔵）という文書にまとめなおした。さらに、文政期には御札山の場所や様子を描いた絵図も作成され、これに御札の記載内容を書き添えた「御札山略図」も編纂された。このように、文化〜文政期には、林政担当の役人が、藩庁に居ながら領内に分布する御札山を一定程度把握できる仕組みが整えられた。

　この時期に、藩が御札山を改めて把握しようとした背景には、森林資源の減少があった。文化六年（一八〇九）、当時の林政を主導した木山掛《きやまかかり》奉行の瀬谷小太郎は、近年の山林「伐《き》り尽《つ》くし」を受けて、「御領中三分一は御田地、三分弐は山処に相当たり候程にて、御林の儀は御田地に次ぎ候産にて、第一水の目に相成り、御田地根元にも相立ち候、然《しか》る所近年の姿に成り行き候はば、御国土の盛衰に相係わり、容易ならざる御事に候」（「林取立役

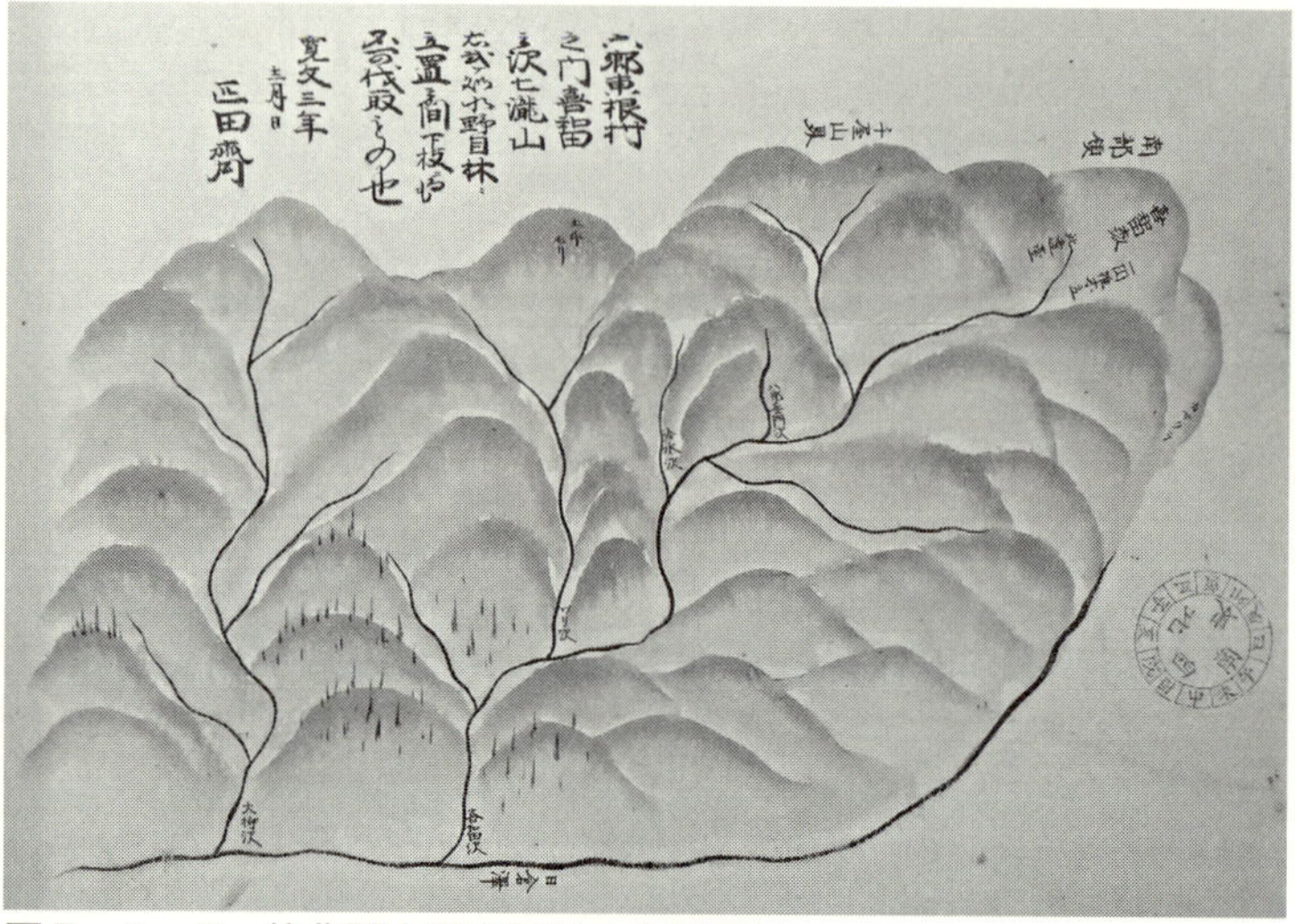

図Ⅱ－１－２　仙北郡六郷東根村の水野目林

「仙北郡御札山略図」（秋田県公文書館所蔵）より。幕末～明治期の写本と推察される。本図は喜和田沢周辺が描かれたもの。

定書被仰渡扣」秋田県公文書館所蔵）と述べ、材木や薪炭を供給する「山処」の資源枯渇と、水源涵養機能の低下による「田地」の荒廃を深く危惧している。こうした危機感に基づき、文化期以降の秋田藩では、森林資源の保護・育成が一層推進された。水野目林を含む御札山の再把握は、その前提であったといえよう。

ここで、文政五年（一八二二）頃に編纂されたと考えられる仙北郡の「御札山略図」から、水野目林に掲示された御札の記載内容と、その山林の様子を確認したい。〔図Ⅱ－１－２〕には、六郷《ろくごう》東《ひがし》根《ね》村《むら》（美郷町《みさとまち》）の水野目林を例示した。まず、御札の記載内容に目を向けると、「六郷東根村のうち、喜和田沢流域の山林と七滝山は水野目林として保護するので、以後は下枝といえども伐ってはならない」旨が記されている。このように、水野目林では原則として下枝ですら採取することが禁止され、保護・育成の徹底が図られたのである。

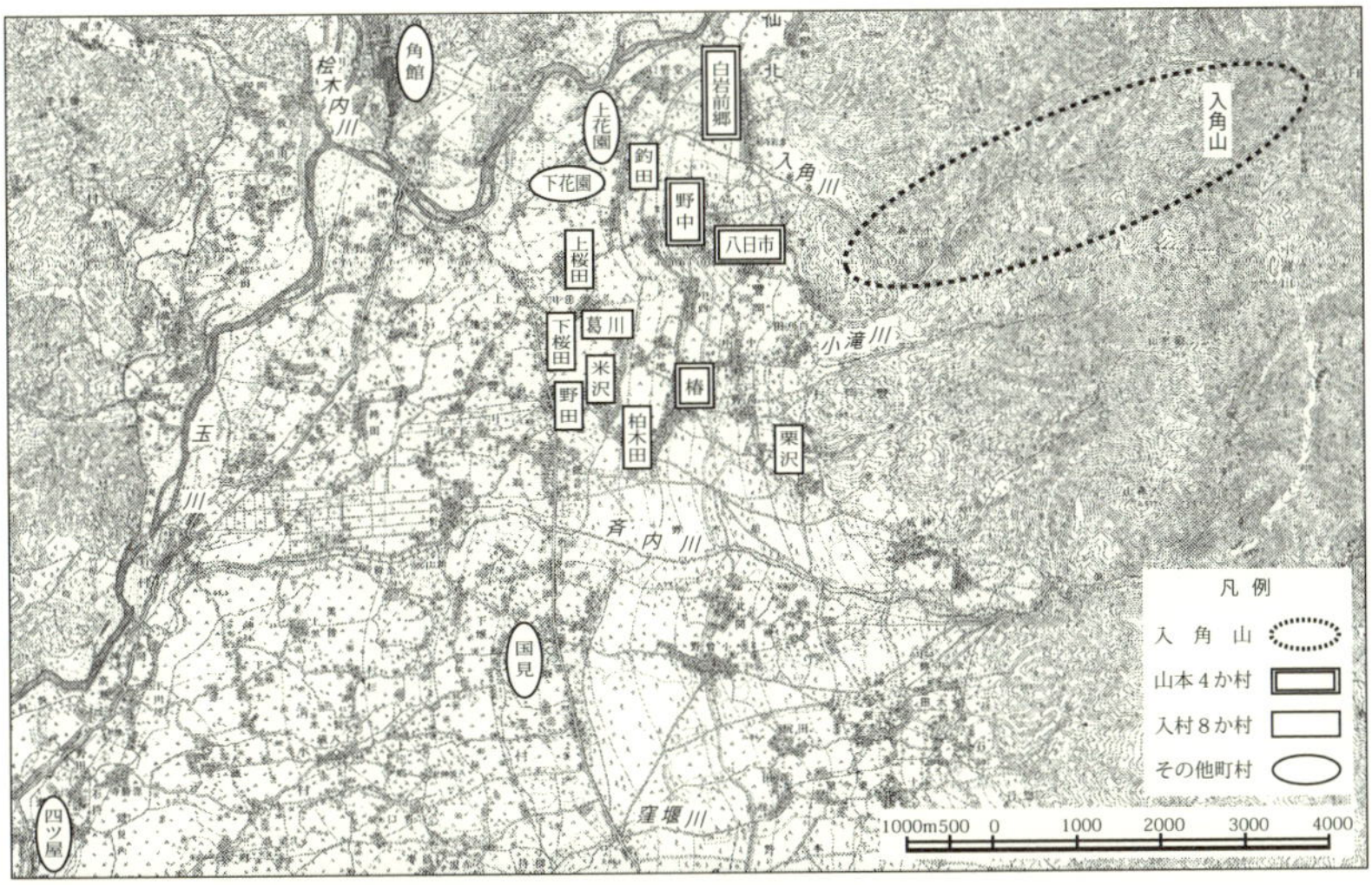

図Ⅱ－1－3　仙北郡入角山とその周辺地域

国土地理院発行大日本帝国陸地測量部5万分1地形図「角館」（1918年）をもとに、加筆修正して作成。地図の範囲は図Ⅱ－1－1を参照。入角山は大凡の範囲。

次に、絵図の部分をみてみよう。河川の流路は青色で示され、流域の山林は緑色で描かれている。この緑色は、落葉広葉樹（雑木）や草が生い茂っている様子を表現したものと考えられ、それを裏付けるように、右上の山林の部分には「一円雑木立」と記されている。ただし、喜和田沢の下流部には、針状のものが複数、青色で描かれており、水野目林には落葉広葉樹や草だけでなく、杉をはじめとする針葉樹も生育していたことが窺われる。

2　水野目林の乱伐と洪水・渇水

それでは、こうした水野目林は、実際にどのように管理されていたのであろうか。この点を、仙北郡の入角山《いりすみやま》（図Ⅱ－1－3）を取り上げて、具体的にみてみよう。奥羽山脈の一部をなす入角山は、古くから横手《よこて》盆地北縁の野中《のなか》村・八日市《ようかいち》村・椿《つばき》村の水野目林として重視されていた。入角山を西流する入角

表Ⅱ－1－1　仙北郡入角山の利用と保護・育成

和暦	西暦	主な事柄
元和　六年	一六二〇	他村が大量に伐採。水不足で山本村の田地荒廃
承応　四年	一六五五	山本村による枯木の鉈伐り以外は伐採禁止
寛文　元年	一六六一	四ツ屋村百姓が伐採を出願。山本村が反対。不許可
寛文　八年～延宝八年	一六六八～八〇	葛川村・釣田村・上桜田村・下桜田村・栗沢村・米沢村・柏木田村が順次薪入会を出願。許可
天和　元年	一六八一	河村庄右衛門が御用薪を大量に伐採
天和　三年	一六八三	野田村が薪入会を出願。許可
宝永　元年	一七〇四	翌年にかけて大旱魃。山本村の田地荒廃
正徳　二年	一七一二	入角川が氾濫。山本村が採草地以外の御札山指定を出願。下流域を採草地に、三分の二を水野目林として御札山に、残りを薪山にするよう決定
享保　九年	一七二四	入村が御札山伐採を出願。山本村が反対
元文　五年	一七四〇	上花園村百姓が御札山伐採を出願。山本村が反対。不許可
延享　五年	一七四八	入村が御札山伐採を出願。山本村が反対。不許可
宝暦　七年	一七五七	上花園村百姓が御札山伐採を出願。山本村が反対。不許可
宝暦一〇年	一七六〇	角館町油屋惣右衛門が御札山伐採を出願。山本村が反対。不許可
寛政　四年	一七九二	藩役人が凶作などのためにも針葉樹育成を指示
文政　九年	一八二六	山本村がアスナロの伐採を出願。不許可。銭三〇〇貫文が下付

遠藤安太郎編『日本山林史 保護林篇 資料』（日本山林史研究会、一九三六年）、中仙町郷土史編さん委員会編『中仙町史 通史編』（中仙町郷土史編さん委員会、一九八三年）より作成。

川は、江戸前期には小滝川と合流し、しばしば洪水を起こして広範囲に水害をもたらしたが、同時に用水を供給する貴重な水源でもあった。右の村々は、のちに白岩前郷《しらいわまえごう》村を加えて、入角山の「山本四ヶ村」あるいは「水野目四ヶ村」と総称された。以下では、これらの四か村を、便宜的に山本村と呼ぶことにしたい。

ここで、入角山の利用と保護・育成の展開を簡潔に整理した、〔表Ⅱ－1－1〕に目を向けよう。江戸初期における森林資源の状況は不詳であるが、少なくとも元和六年（一六二〇）の時点で、山本村以外の村が入角山を「剪《き》り尽くし」た結果、「水出し御座無く」という事態となり、山本村の田地は荒廃していた。こうした状況を受け、承応四年（一六五五）には山本村による枯木の鉈《なた》伐り以外は伐採が禁止され、その後しばらくは山本村の百姓が保護・育成に尽力した。例えば、寛文元年（一六六一）に四ツ屋《よや》村の百姓が銀二〇〇匁の上納と引き替えに入角山の伐採を出願した際も、山本村は「水野目障りの次第」を藩に上申して反対し、不許可の裁定を得た。

また、こうした水野目林の保護・育成と並行するように、寛文～延宝期（一六六一～八一）頃には、藩の役人であった斉藤仁兵衛の主導で、入角川を花園《はなぞの》村周辺で玉川と接続させる治水工事が実施された。これにより、入角川は斉藤川とも呼ばれるようになり、以後は氾濫《はんらん》も少なくなったという。このように、一七世紀後半には入角川の洪水・渇水を抑制し、その水を農業用水として安定利用するため、水野目林の保護・育成と治水工事が進められたのである。

しかし、寛文八年～天和三年（一六八三）には、葛川《くずかわ》村など八か村による薪の入会採取が、順次許可されるようになった。これら八か村は、山本村に対して入村や入郷と呼ばれた。また、天和元年には河村庄右衛門という人物が、藩の許可を得て上納用の薪を大量に伐採した。この結果、入角山は「野山同前」となり、「水不足」のため「御田地度々日枯れ等御座候」という深刻な事態に陥った。特に、宝永元年（一七〇四）の旱魃《かんばつ》では、山本村の田地が広範にわたって荒廃したという。さらに、正徳二年（一七一二）には入角川が氾濫し、上花園村周辺の田地が荒地となった。入角山の水源涵養機能の低下は、この洪水発生の要因としても見逃せないであろう。

3　水野目林の保護・育成と樹種への着目

そこで、正徳二年（一七一二）になると、山本村は採草地を除く入角山の御札山指定を出願し、藩に他村の利用を制限してもらうことで、水源涵養林を再度保護・育成しようとした。これを受けた藩は、同年採草地を除いた三分の二を水野目林として御札山に指定し、残り三分の一を薪山として山本村と入村に従来通り利用させるよう決定した。その後、山本村が水野目林の保護・育成に尽力したため、水源涵養機能は回復して「水出しもこれ有り」という状況になり、荒地も次第に復興させることができた。なお、ここでは、藩が山本村の要求だけでなく入村の薪需要をも斟酌《しんしゃく》し、水源涵養機能の発揮と下草の採取、薪の伐採を並立できるような入角山の利用と保護・育成の方法を採用した点にも注目しておきたい。

ただし、入村をはじめとする周辺村々の林産物需要は三分の一の薪山だけでは満たせず、これらの村々は享保期（一七一六～三六）以降も御札山に指定された水野目林の伐採を度々出願した。しかし、こうした出願があるたびに、山本村は水源に支障がある旨を上申して反対し、藩も不許可の裁定を下した。このように、山本村は入角山の乱伐と入角川の洪水・渇水を経験的に結びつけて認識し、特に正徳期（一七一一～一六）以降、水野目林の保護・育成を徹底していったのである。

ところが、寛政期（一七八九～一八〇一）になると、入角山の利用は新たな展開をみせた。同四年、入角山を巡見した藩の役人は、凶作などに備えるため、従来生育していた雑木だけでなく、新たに針葉樹を保護・育成するよう山本村に指示した。寛政期の秋田藩では、宝暦～天明期（一七五一～八九）に相次いだ凶作を背景に、山林の恵みで疲弊した村々を立て直す方針が採られ、スギなどの植林が奨励されていた。入角山を巡見した役人は、こうした発想を一歩進めて、将来の凶作に備えるという目的で針葉樹の育成を指示したのであろう。これを受けた山本村は、従来自生していた「檜」（アスナロを指す）を保護・育成することにし、それから約三〇年が経過した文政九年（一八二六）の時点で、入角山は「大半雑木これ無く、檜木山」になっていた。

こうしたなか、山本村は文政九年、ある願書を藩に提出している。その内容は、従来入角山は「雑木計《ばか》り」であ「水野目も宜敷《よろしく》、水出しも沢山」であったが、当時は「檜成木に随《したが》ひ、水元分外不足」していることを訴えるものったので、アスナロの伐採によって水源涵養機能を回復し、さらに伐採したアスナロを販売することで困窮する自村の助成にしたいというものであった。これに対して藩は、「青木盛木に付き、水出し不足に相成り候儀は不当の筋」として山本村の主張を認めず、伐採は許可しなかった。ただし、アスナロの伐採は村の助成という名目でもあったため、藩は伐採を許可しない代わりに、銭三〇〇貫文を山本村に与えている。

右のような願書の趣旨を踏まえれば、アスナロが水源涵養機能を低下させるという山本村の主張が、本音であるのか、伐採許可を得るための建前であるのかを判断するのは難しい。しかし、その判断はひとまず措くとしても、この事例は村々と藩が水源涵養機能の高低を、樹種の違いにまで踏み込んで論じた点で重要であり、水野目林の保護・育成をめぐる問題として、興味深い内容を有しているといえよう。

トピック　用水路の維持と材木

雄物川《おものがわ》支流の玉川左岸から取水し、横手盆地北縁の村々へ農業用水を供給した用水路に、上堰《うわせき》・下堰《したせき》・白岩堰《しらいわせき》・四箇村堰《しかむらせき》がある。これらのうち、特に上堰と下堰は入角川・小滝川・斉内川《さいないがわ》など多くの河川を横断し、窪堰川と接続した比較的大規模なもので、河川との交差部分には掛樋《かけひ》（水路橋）が設けられた。この掛樋や取水地点の関根留《せきねどめ》などには、周辺の山林で伐採された材木が使用された。

しかし、これらは腐朽や洪水による破損のたびに修復する必要があったため、次第に利用できる立木が減少した。こうしたなか、正徳二年（一七一二）三月には入角川が洪水を起こし、上堰が交差する部分の掛樋が破損した。これを直接的な契機とし、同年七月には米沢《よねざわ》・国見《くにみ》・柏木田《かしわぎだ》・釣田《つるた》・上花園・下花園・上桜田《さくらだ》・下桜田の八か村（前掲図Ⅱ－１－３）が、掛樋や関根留の修復に備えて植林をすることにした。この植林場所には、入角川の洪水で荒地となった上花園村と柏木田村の土地が活用された。特に享保一〇年（一七二五）からは、米沢村の甚吉が育成したスギとクリの苗木一万本余りを、八か村が共同で植栽した。

なお、秋田藩では掛樋や関根留の修復に備えて保護・育成した山林を、「堰林《せきばやし》」（関林）と呼ぶことがあった。また、水源涵養林である水野目林にも、しばしば掛樋や関根留用の材木を供給する役割が期待された。この場合には、水源涵養機能の発揮を可能な限り妨げないよう、老木などの間伐《かんばつ》や枯損木《こそんぼく》・風倒木《ふうとうぼく》の利用が推奨されたのではないかと推測される。以上のように、農業用水を安定供給するためには、水源涵養林を保護・育成するとともに、用水路の維持に要する材木を、常に確保しておく必要があったのである。

【参考文献】

遠藤安太郎編『日本山林史 保護林篇 上』(日本山林史刊行会、一九三四年)、遠藤安太郎編『日本山林史 保護林篇 資料』(日本山林史研究会、一九三六年)、遠藤安太郎『山林史上より観たる東北文化之研究』(日本山林史研究会、一九三八年)、服部希信『林業経済研究』(西ヶ原刊行会、一九四〇年)、秋田県編『秋田県史 第二巻 近世編 上』(秋田県、一九六四年)、中仙町郷土史編さん委員会編『中仙町史 通史編』(中仙町郷土史編さん委員会、一九八三年)、芳賀和樹「寛政期の秋田藩林政と藩政改革」(徳川林政史研究所『研究紀要』四八、二〇一三年)、渡部圭一・芳賀和樹・福田恵・湯澤規子・加藤衛拡「阿仁銅山山麓における山村社会の森林資源管理」(『筑波大学農林社会経済研究』三〇、二〇一四年)

(芳賀和樹)

二　弘前藩における田山と村々

1　弘前藩林政の展開と田山

弘前藩《ひろさき》は陸奥国津軽郡《むつのくにつがるぐん》（青森県弘前市を中心とする青森県西半部一帯）に位置し、関ヶ原の戦いの後、徳川氏によって領知安堵がなされてから明治四年（一八七一）の廃藩置県に至るまで、代々津軽家が支配してきた。石高は、初め四万七〇〇〇石だったが、後に一〇万石に加増される。

弘前藩における山林制度は、四代藩主津軽信政《つがるのぶまさ》（一六五六〜一七一〇まで在任）の頃に整備された。領内の山林は種類の別によって様々な名称が付され、それを〔表Ⅱ－２－１〕に示した。

弘前藩において水源涵養林として設定された山林は、「田山」もしくは「用水田山」という名称で登場する。これらの文言が最初に現れるのは、藩の公式記録である「弘前藩庁日記」のうち、国元の記録である「御国日記」（弘前市立図書館所蔵）元禄一六年（一七〇三）六月一日条である。これによれば、領内において「田山」と呼ばれる山林は一九か所存在し、それら山林には水源涵養機能以外にも用水堰《ようすいぜき》のための材木資材を伐り出すための山としての機能があったことが記されている。一九か所設定されている田山の一つに「大秋留山《たいあきとめやま》」と呼ばれる山がある。この山は「御国日記」元禄一〇年一一月九日条にも登場している。ここでは郡奉行が「大秋留山」から御用炭の

表Ⅱ－2－1　弘前藩山林種別表

本山《もとやま》	藩に管理経営権がある山。弘前藩領内には版籍奉還時で81か山存在していた。	明山《あけやま》	本山のうち、藩領民による薪・草などの採取が許可された山林。
		留山《とめやま》（◎、△）	本山のうち、森林資源の維持・育成を図るため領民の立入･利用が禁じられた山林。ただし､飢饉時などには「御救山」として開放されることもあった。
		見継山《みつぎやま》（◎、△）	本山のうち、伐採跡地を山下村民などに保護･看守させ、天然生の稚樹を撫育して成林させた山林。
		仕立見継山《したてみつぎやま》（◎、△）	本山のうち、村もしくは個人が願い出てスギ・ヒバ、その他の樹種を植栽し、成木した後に藩による検査をうけ見継山証文が下付された山林。
抱山《かかえやま》（◎）	村もしくは個人が無立木地にスギ・ヒバ、その他樹種を植栽し、成林した後藩の検査を受けて抱山証文が下付された山林。立木は村・個人に帰する。人工造林が行われた山林である。		

林野庁編『徳川時代に於ける林野制度の大要』（林野共済会、1954年）、黒瀧秀久『弘前藩における山林制度と木材流通構造』（北方新社、2005年）をもとに加筆して作成。田山が設定されていた山林の種類には◎、館山（立山）が設定されていた山林の種類には△を付している。なお、館山は、軍備のために保護・育成された山林であるとされるが、寛政6年（1794）5月以降に作成された「山方留帳」（弘前市立図書館所蔵）という史料には、用水堰を作るための材木を伐り出すための山であるとも記されている。

焼出を願い出たが、用水のために立てた山であるため伐採が許されなかった事例が見られる。このことから、弘前藩領における「田山」が水源涵養林としての機能を有する山林であったことが窺えよう。

宝暦四年（一七五四）には田山の伐木制限に関する触れがはじめて出される。ここでは、領内の者たちに対して薪の伐り取りに関する触れを出したが、田山にまで入り込み伐り荒らしている者がいる。田山は用水のために設定された山であるのに不届きなことであるので、これ以後田山に入り込んで伐り荒らした者がいれば捕らえるように、といったことが記されている（「県令心鑑」弘前市立図書館所蔵）。

宝暦期（一七五一～六四）から天明期（一七八一～八九）にかけて、弘前藩の財政は次第に悪化し、山林資源も枯渇してくるようになる。藩はこの頃から領内山林の取り締まりの強化を行い始めた。先に示した田山からの伐木を制限する触れは、こうした取り締まり強化との関わりのなかで出されたものであろう。前述の触れが出された同日には、浪岡組大釈迦村《なみおかぐみだいしゃかむら》（青森市浪岡）の田山から盗杣《ぬすみそま》を行った者たちが、入牢を申し付けられている事例も見られる（「御国日記」宝暦四年閏二月八日条）。

宝暦期には、藩領内の山々を「仕立見継山《したてみつぎやま》」や「抱山《かかえやま》」という形で山下村に保護・管理・育成させ、山林資源枯渇化を阻止しようとする動きも見られるようになる。この動きは、天明飢饉を経た後の寛政期（一七八九〜一八〇一）以後さらに多く見られることとなる。

天明二年から同八年にかけて天明飢饉が発生した際に、弘前藩領の山々は「御救山《おすくいやま》」として開放された。しかし、このことによって領内の山林に対する取り締まりは弛緩し、藩領の山々は伐り尽くされ荒廃してしまった。弘前藩においては天明飢饉を受けての藩政改革が実行され、そのなかには山林行政機構の整備も含まれる。寛政九年四月には、田山を含めた領内すべての山を山下村民と藩が共同で保護・管理し、怠った場合には村中から過料を取るなど罰則を設ける方針が打ち出された。

また、この時期から、藩は水源涵養林としての山林の重要さを明確に認識し始めるようにもなる。文化四年（一八〇七）に山方吟味役の棟方実勝《むなかたさねかつ》は、「第一山に樹木多く御座候えば必ず水も多く御座候、山に水多く御座候えば山下に川沢御座候て、自ら田地の養いにも相成り申すべしと存じ奉り候、樹木衰え候えば川沢も自然に枯れ候て、御田地仕付け方ならびに開発等も、恐れながら思し召しの通り行われ申すまじき様に存じ奉り候」と述べている（「覚」弘前市立図書館岩見文庫所蔵）。ここからは、天明飢饉を経て藩の役人たちが山林の水源涵養機能の重要性を痛感したことが窺える。

弘前藩林政の展開をここまで概観してみると、時代が下るにつれて領内の山林を次第に山下村の保護・管理とする方針へと展開している。では弘前藩において田山と村々との関係はどのようなものであったのであろうか。

次節ではそのことについて、領内の田山の様相を確認しながら見ていきたいと思う。

2　領内における田山の様相

弘前藩における田山の様相を知るうえで重要な史料に「田山館山見継山元帳《たやまたてやまみつぎやまもとちょう》」（以下、元帳と記す）がある（図Ⅱ－2－1参照）。ここには弘前藩領内の村々に設定された「田山」および「館山《たてやま》」（立山）・「仕立見継山《みつぎやま》」（前掲表Ⅱ－2－1参照）について、保護・管理を担当する村もしくは山守《やまもり》（藩に命ぜられて山林の保護・管理を担った役職）の人名、設定された山沢名、山数、間《けん》数、樹種、樹木本数、樹木の大きさなどの情報が記載されている。これらの元帳は、金木《かなぎ》新田・木作《きづくり》新田・俵元《たわらもと》新田を含めた藩領内全二八組の村々のうち二三組分のものが収載された七冊（一冊はカーボン筆写のもの）が残っており、末尾に安政六年（一八五九）の作成と記されている。

これらを確認すると、安政期に田山として設定されていた場所は一五一か所存在しており、前節で示した元禄一六年（一七〇三）の時点における田山の数と比較すれば、大幅に増加していることがわかる。この元帳記載の田山数と領内の概略図をあわせて示したものが〔図Ⅱ－2－2〕である。田山が最も多いのは大鰐組《おおわにぐみ》の村々で、三〇か所存

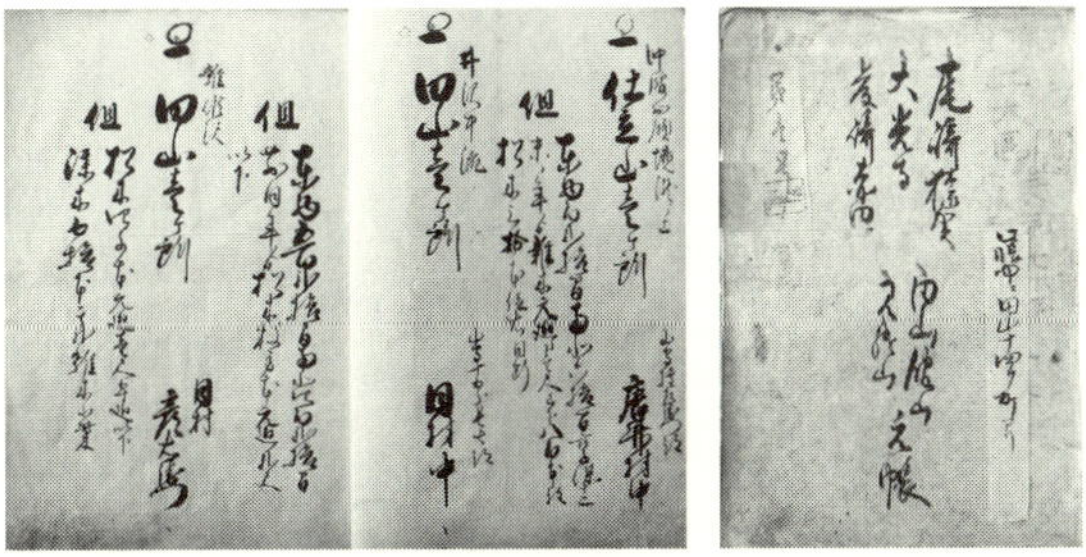

図Ⅱ－2－1　「田山館山見継山元帳」の表紙（右）と内容（左）

国立公文書館つくば分館所蔵。表紙には近代以降に朱で書き入れられた文言や付箋が見られる。

在する。その次に多いのが赤石組《あかいしぐみ》で二二か所、その次が駒越組《こまこしぐみ》二一か所である。

樹種は雑木が最も多く、九二か所で確認がとれる。ついでマツが三五か所、スギが三四か所で確認がとれる。水源涵養林に良しとされるのは落葉広葉樹であるとされるが、弘前藩領の田山にはマツ・スギといった針葉樹も多く見られる点に特徴がある。

元帳には、村々の者たちがいつから田山の保護・管理を担ってきたかということも記されている。最も古いものは寛文三年（一六六三）であるが、寛政九年（一七九七）に「用水不足につき近年より仕立て」を行いたいと申し出たことにより田山となった場所もあり、各組・村によってその時期は異なる。時代が経過するにつれて、田山も村々の要請に応じて増加していったことが考えられる。そして同時に、水源涵養林としての田山は、代々村々の者たちの手によって保護・管理されてきたものであるということもいえるだろう。

弘前は日本三大美林に数えられるヒバの産地でもある。そのため同藩の山林については、材木生産などに目が向けられがちである。しかし、領内の山林は村々の者たちにとって水源涵養林という形で生活を支える存在でもあり、彼らによって保護・管理がなされてきたのである。次節では、保護・管理を担う村々と田山の関係を、岩《いわ》木山《きさん》を例に具体的に見ていこうと思う。

3　岩木山と田山

津軽地方の象徴として、映画や歌にも登場する山に岩木山がある。岩木山は津軽平野のほぼ中央に位置しており、標高一六二五メートルの円錐状の休火山である。同山には北東の巖鬼山《がんきさん》、中央の岩木山本体（中央火口）、

番号	組名	田山数
1	横内組	4
2	浦町組	1
3	油川組	0
4	後潟組	6
5	金木組	13
6	金木新田	元帳なし
7	広田組	0
8	広須組	元帳なし
9	木作新田	2
10	飯詰組	10
11	俵元新田	元帳なし
12	浪岡組	16
13	増館組	0
14	柏木組	0
15	赤田組	0
16	藤代組	0
17	高杉組	3
18	駒越組	21
19	赤石組	22
20	常盤組	元帳なし
21	藤崎組	0
22	田舎館組	元帳なし
23	猿賀組	2
24	大光寺組	0
25	和徳組	0
26	堀越組	9
27	尾崎組	12
28	大鰐組	30
29	黒石領黒石	—
30	黒石領平内	—
合　計		151

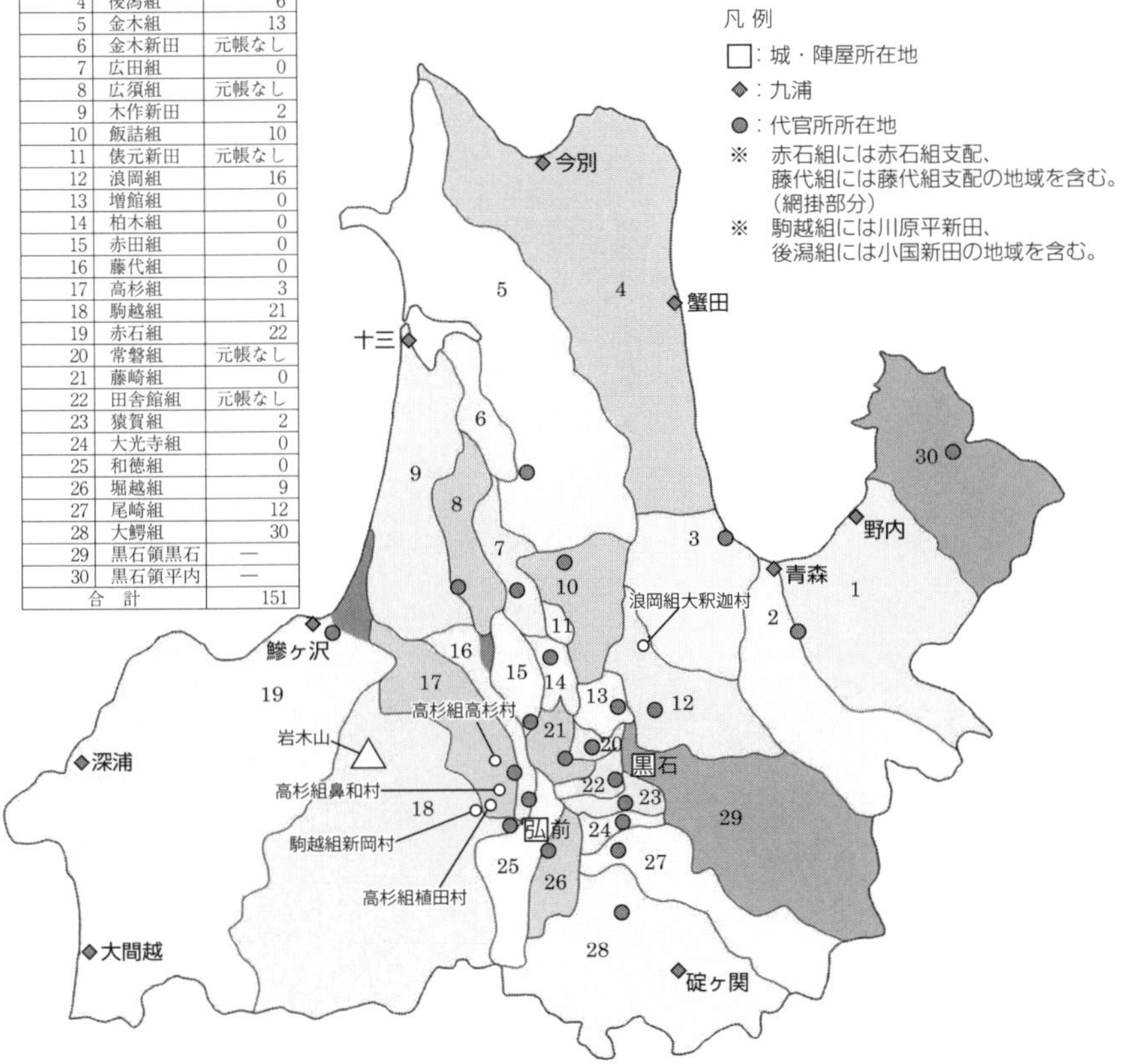

図Ⅱ－２－２　弘前藩領の組村分図と各組の田山数

青森県史編さん近世部会編『青森県史 資料編 近世3 後期津軽領』（青森県、2006年）の付図より作成。田山数については、「田山館山見継山元帳」（国立公文書館つくば分館所蔵）をもとに作成。

南西の鳥海山《ちょうかいさん》という三つの峰があり、それぞれを御神体とみなして「三所権現《さんしょごんげん》」と称した。それを社体としたのが現在の岩木山神社《いわきやまじんじゃ》本殿であり、寛永六年（一六二九）から百沢寺《ひゃくたくじ》が管轄していた。中腹から山裾にかけてはブナ林やミズナラ林が広がり、それより下部の丘陵地にはスギ・アカマツなどの植林地が存在している。また、北麓には広大な草地が広がっており、この地はかつて百姓たちが薪材の伐り出しや採草に代々利用してきた土地であった。

江戸時代にはこの岩木山にも田山が設定されていたが、百沢寺が管轄にあたっていたこともあり、前項で紹介した元帳には記されていない。岩木山に設定された田山の存在は、「岩木山境内諸組村々根柴伐取小沢分帳《いわきさんけいだいしょくみむらむらねしばきりとりこさわわけちょう》」（弘前市立図書館所蔵、以下、小沢分帳と記す）という史料から判明する。先にも述べたように、寛政期（一七八九～一八〇一）に入ると田山を含めた領内すべての山が村と藩の共同管理とされる。その際に多くの山沢の仕分けが村ごとに行われ、今までどの村が保護・管理、あるいは利用してきたかということの調査が行われた。岩木山もその対象となり、これまで同山を利用してきた村の調査が寛政八年頃から行われるようになる。調査の結果は翌年の七月にまとめられ、それが前に示した小沢分帳である。この帳面には岩木山に設定された田山について、どの場所に設定されていたか、どの村が保護・管理を担ってきたかということなどが詳細に記されている。また、同九年七月に作成されたと考えられる原本以外にも、それ以後に作成された写が複数存在している（「日本林制史調査資料　弘前藩」徳川林政史研究所所蔵など）。これらをまとめてみると、岩木山中には、全部で一一か所の沢に田山が設定されていたことがわかる。

岩木山中に設定されたこれらの田山と、周辺の村々の者たちとの関係については、三か所の沢において百姓が盗伐を行った事例からも窺える。それは天保九年（一八三八）二月から七月にかけて、岩木山中の小杉沢・一本木沢・

壁倉沢の三か所において発生したものである。この時、保護・管理を担当していた村々がどのような対応をしていたかを以下見ていこう。

まず小杉沢の事例では、保護・管理を担うべき高杉組高杉村の百姓二九名によって雑木一一二〇本が願い出なく伐採されたことが判明し、百沢寺役人と高杉村庄屋宅次郎が見分を受けている。この件について宅次郎は、近年打ち続く不作によって窮民が出たので盗伐を行ってしまった。今後は保護・管理を厳重に行い、荒廃しないようにするので今回のことは許してほしいとわびている。一本木沢と壁倉沢の事例も、同様の理由から本来保護・管理を担うべき駒越組《こまこしぐみ》新岡村《におかむら》・高杉組《たかすぎぐみ》鼻和村《はなわむら》・同組植田村《うえだむら》の三か村の百姓たちが、盗伐してしまったものである。これら二件の盗伐について、藩側は村役人を厳しく詮議し、以後管理を徹底するようにと伝えている（「天保九戊戌年　百沢寺境内山諸願一切留帳」弘前市立図書館所蔵）。

岩木山から盗伐が発生した天保九年は、弘前藩領内において飢饉が継続していた年でもあり、藩はその対応に追われていた。藩は領内の山林を御救山として開放し、百姓たちに利用させることを許可したが、田山の利用は許されなかった。岩木山に設定された田山からの盗伐も、飢饉の影響によって保護・管理を担う村々の者たちが生活に行き詰まり、盗伐をしてしまった事例であろう。このように、たとえ村々の者たちが飢饉という危機的状況に遭遇して困窮していたとしても、田山から立木の伐採を行うことは認められず、村々の者たちは立木が伐り尽くされないように管理を徹底しなければならなかった。

津軽地方の人びとの心の拠《よ》り所として今なおそびえ立つ岩木山は、現代にまで続く「お山参詣《やまさんけい》」といった慣習の影響もあり、宗教的な面に焦点があてられることが多い。しかし、一方で水源涵養といった形で人びとの暮らしを支えていた面もあり、それは村々で実際に生活する者たちによって守られてきたのであった。

トピック

近代以降の田山

弘前藩領における山林は、明治に入ってから複雑な展開を見せることとなる。明治二年（一八六九）に政府は旧来の藩有林を官林（政府所有の山林）とし、その後同八年から九年にかけて土地官民有区分を行った。区分が行われた当初は、入会《いりあい》慣行の事実を近隣の郡村が保障した場合は民有地に区分されることとなっていたが、同八年一二月に方針が変わり、入会慣行が単に薪や秣といった天然物採取にとどまっていた場合や雑税を納めているだけの場合は、民有とは認められないことになった。

明治九年の二月二五日、青森県はこの官民有区分の方針転換について内務省宛てに伺いを立てている。その伺書の第三条に、田山についての項目が見られる。これによれば、田山は「灌漑《かんがい》に乏しき村々に於いて用水湧出《ゆうしゅつ》を要する為」村費をもって諸苗木を植え付けた場所であり、官有地に編入されれば水利をめぐる苦情が出ることが予想されるので、これまで通り村々の管理で構わないかどうかと尋ねている。この伺いに対する内務省の回答は、田山の地盤は官有であるが、立木は民有と明記して従来通り村による管理とするというものであった。こうして旧藩時代の田山は、地盤は官有（国有）、そこに生立している立木は住民の所有という「官地民木」という形態を取ることとなった。

旧弘前藩領の山林において、田山のように近代以降官地民木の扱いとなった山林は多い。それは旧弘前藩領内における山林が、これまで見てきたように村々の者たちによって保護・管理されてきたことに由来するものであり、ここからは弘前藩領内の人々と山林との関係が密接であったこともまた窺えるのである。

【参考文献】

遠藤安太郎編『日本山林史 保護林篇 上』（日本山林史刊行会、一九三四年）、宮下利三『岩木山麓の採草地について』（弘前市政調査会、一九五六年）、渡辺喜作『林野所有権の形成過程の研究―資料四 津軽藩林政史―』（私家版、一九八二年）、「新編弘前市史」編纂委員会編『新編弘前市史 通史編 三（近世二）』（弘前市企画部企画課、二〇〇三年）、長谷川成一『弘前藩』（吉川弘文館、二〇〇四年）、黒瀧秀久『弘前藩における山林制度と木材流通構造』（北方新社、二〇〇五年）、長谷川成一「近世後期の白神山地」（『白神研究』三、二〇〇六年）、土谷紘子「天保飢饉時の弘前藩における山林利用」（浪川健治ほか編『地域ネットワークと社会変容』岩田書院、二〇〇八年）、赤池慎吾「青森県津軽地方における官地民木林の史的展開過程」（『東京大学農学部演習林報告』一二一、二〇〇九年）、浪川健治「『難儀』と『御救』」（浪川健治ほか編『周辺史から全体史へ』清文堂出版、二〇〇九年）、岩木町史編集委員会編『新編弘前市史 通史編 岩木地区』（弘前市岩木総合支所総務課、二〇一一年）、武田共治「岩木山麓の『入会』・『開拓』・『開発』について」（「岩木山を科学する」刊行会編『岩木山を科学する』北方新社、二〇一四年）

（萱場真仁）

三　熊本藩における水源涵養林と植林事業の展開

1　熊本藩の林政と水源涵養林

熊本藩は、肥後国《ひごのくに》のうち人吉《ひとよし》藩の所領であった南部の球磨《くま》郡《ぐん》と、西部に位置する天草郡《あまくさぐん》を除く一三郡、および豊後国《ぶんごのくに》の一部を領有した九州地方の大藩である。豊臣秀吉によってこの地を与えられた加藤清正《かとうきよまさ》（一五六二～一六一一）が封《ほう》じられて以来、関ヶ原の戦い以後も加藤氏の統治が続いた。しかし、寛永九年（一六三二）に加藤氏が改易され、代わって豊前国《ぶぜんのくに》小倉藩《こくらはん》（福岡県北九州市）の藩主であった細川忠利《ただとし》（一五八六～一六四一）が入国した。以後、明治四年（一八七一）の廃藩置県に至るまで、細川氏がこの地を治めた。

細川氏が入国した後の熊本藩の支配機構は、小倉藩時代のものが踏襲された。例えば、細川氏は寛永一〇年から「手永制《てながせい》」を採用し、領内の村々を支配した。「手永」とは、数村あるいは数十か村を一つの単位とする行政単位のことである。創設当初は一〇〇程度の手永が設置されたが、宝暦期（一七五一～六四）には五四、さらに五二へと統合された（図Ⅱ－3－1参照）。各手永には、在地有力者から惣庄屋《そうじょうや》が一名配置され、郡奉行（後に郡代へと改称）の支配を受けた。

熊本藩の林政に目を向けてみると、藩領内における山林の基本施策が定まったのは貞享元年（一六八四）六月二一日のことであった。ここでは、藩士や百姓たちが願い出て野山や空地に植林あるいは天然生の樹木を育成する「立山《たてやま》」を設置する場合は、百姓たちからの願い出が優先されることや、「立山」の相続・譲渡に関する規定が決められている。

熊本藩の林政が大きく変化するのは、六代細川重賢《しげかた》（一七二一～八五）による宝暦改革が行われた時である。この改革は宝暦六年から開始され、行政機構の整理や藩校時習館《じしゅうかん》の開設、財政の緊縮、ハゼ栽培をはじめとする産業の奨励などを内容にした。山林行政機構もこのとき整備され、郡奉行は郡代に改められ、元来設置されていた御山奉行が廃止となった。御山奉行に代わって設置されたのが御山支配役《おやましはいやく》であり、一～二つの手永ごとにそれぞれ配置され、山林事務の一切を惣庄屋と協議のうえ進めていった。宝暦改革以後、この御山支配役を中心に藩領内においてスギ・ヒノキの植林や天然生のマツの育成に力が入れられることとなる。

熊本藩では竹木材の他領移出が原則として禁じられていた。また、藩の主要産物は米穀であり、江戸時代には肥後米として江戸や大坂で高い評価を得ていた。そのため、熊本藩

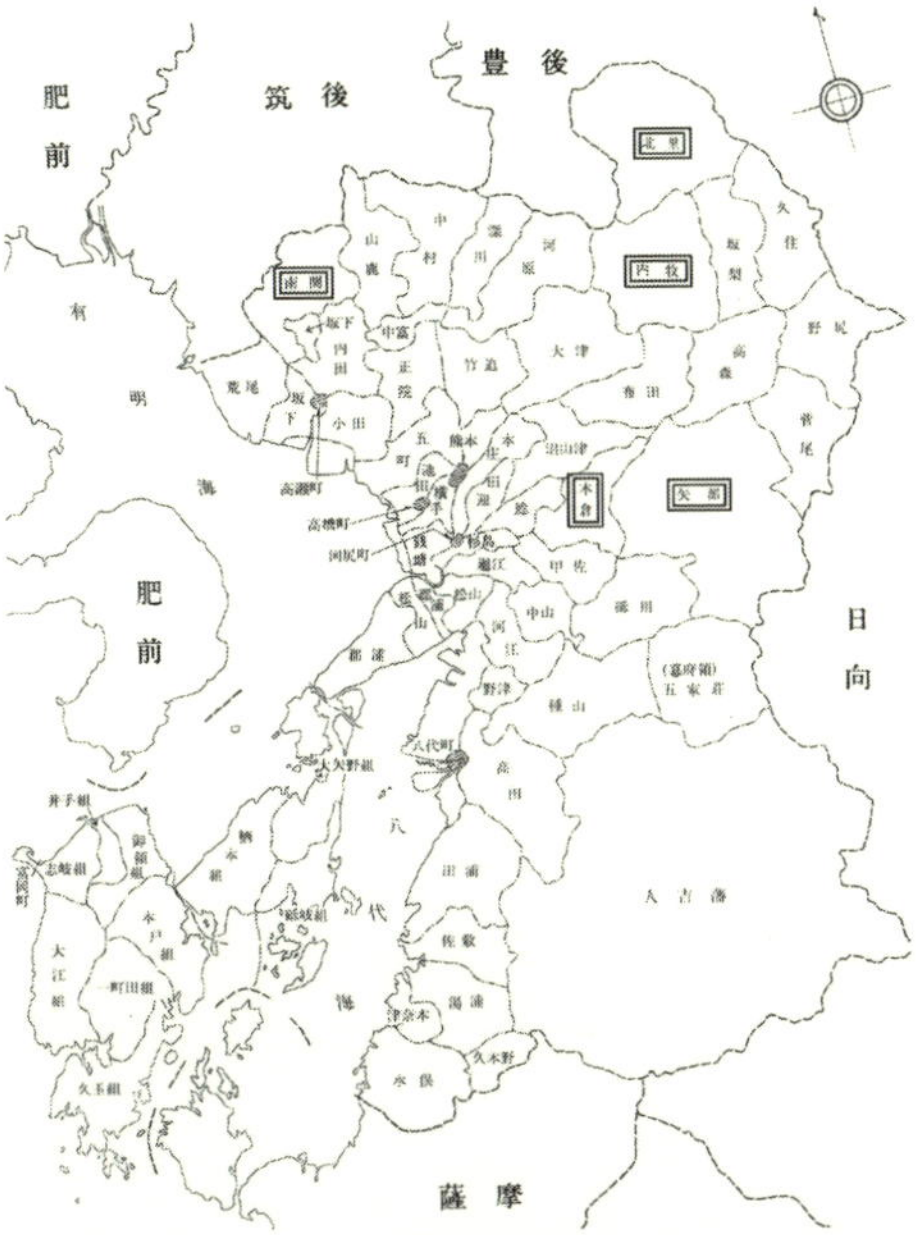

図Ⅱ－3－1　熊本藩領の各手永名と位置

「角川日本地名大辞典」編纂委員会編『角川日本地名大辞典 43 熊本県』（角川書店、1987 年）1659 頁より引用。なお、本文で登場する手永は二重四角で囲った。

の林政は農業に関わる山林利用に重点が置かれて展開している。そのことを踏まえると、水源涵養林としての山林を育成することは、藩にとって重要だったといえるだろう。

熊本藩でも、秋田藩や弘前藩のように水源涵養林があったが、「水野目林」や「田山」のような名称が付与されたわけではなかった。しかし、文化一四年（一八一七）二月七日、内牧《うちのまき》手永湯浦《ゆのうら》村と北里《きたざと》手永中原《なかばる》村（熊本県阿蘇郡）の間で発生した境界争論の際に出された書付には、両村が争っている場所が「水源の御山」であるので、これ以後「下草たりとも堅く伐《き》られ方申さぬ様」通達するようにという文言が見られる（林野庁編『徳川時代に於ける林野制度の大要』）。このことから、熊本藩においても水源涵養林が重要視されていたことが明らかである。

宝暦改革以後積極的に展開を見せるようになる植林事業も、水源涵養林に関係して行われたものが多く見られる。次節では、実際に水源涵養を目的として植林がなされた事例、およびそれを担ってきた御山支配役の姿に焦点を当ててみたい。

2　御山支配役と植林事業

熊本藩の植林事業の展開を語るうえで、欠かすことのできないのは御山支配役の存在である。御山支配役たちはどのように植林事業を行っていったのか。ここでは具体的な事例をいくつか紹介していきたい。

植林事業を行った御山支配役のなかでも、特に著名な人物に木原才次《きはらさいじ》がいる。彼は享保一八年（一七三三）に木原文次の嫡子《ちゃくし》として熊本で生まれた。享保二〇年、父とともに矢部《やべ》へ移り住み、宝暦七年（一七五七）に父の代役を勤め、同一三年に矢部手永の御山支配役となった。

才次は寛政五年（一七九三）から矢部手永にある大矢山《おおややま》へ植林を始めた。大矢山は麓《ふもと》に上益城《かみましき》郡の下名連石《しもなれいし》・御所《ごしょ》・鶴ヶ田《つるけた》・川口《かわぐち》の四か村（熊本県上益城郡山都町《やまとちょう》）があり（図Ⅱ－3－2参照）、宝永～正徳期（一七〇四～一六）にかけて乱伐と野火焼きが繰り返された結果、荒廃が進んでいた。そのため、水源は枯渇し、豪雨になったときには洪水の被害が麓の村々へおよぶといった事態も発生していた。当時の覚書によれば、「水源繁暢《はんちょう》は、其《そ》の手永の見通し迄《まで》にてこれ無く、他郡に障り軽からぬこと」（遠藤安太郎編『日本山林史 保護林篇 資料』）とあり、大矢山が周辺地域にとっていかに重要であったかがわかる。

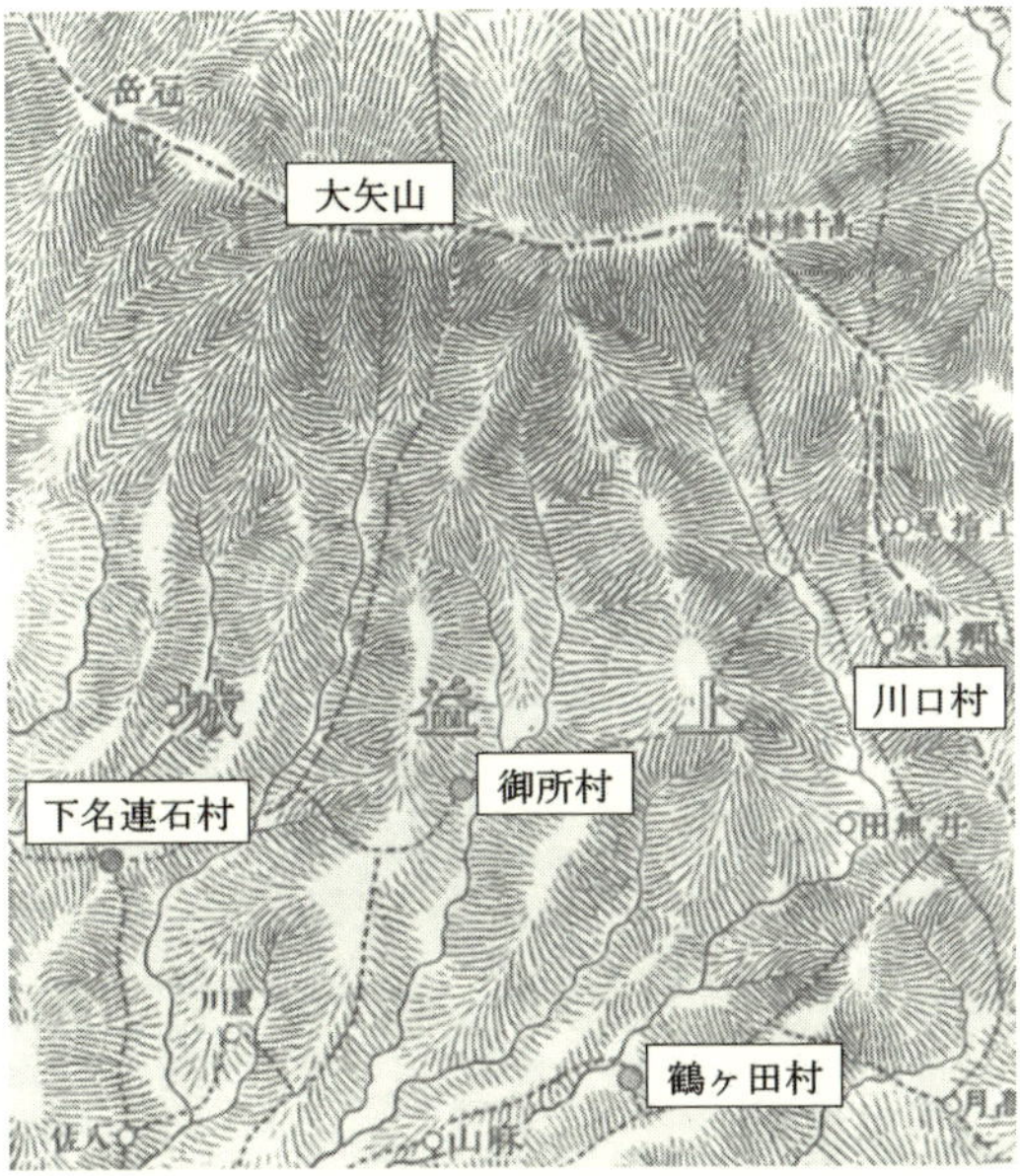

図Ⅱ－3－2　大矢山と下名連石・御所・鶴ヶ田・川口村位置

「熊本県全図」（『日本歴史地名大系 第44巻 熊本県の地名』平凡社、1985年）をもとに作成。

才次は右のような状況を憂い、大矢山への植林を思い立った。当初は藩の許しが下りなかったため、彼は自ら試験的に三か所への植林を行った。

この植林が成功したことによって、才次は藩の許可を得て、寛政五年から文化六年（一八〇九）まで大々的な植林事業を展開できたのである。

この植林事業では一年につきスギ・ヒノキを一〇万本植樹し、それを一〇年かけて一〇〇万本植樹すると計画していた。その一〇〇万本のうち、七五万本は藩から金銭が支給され、二五万本は村の者たちの植林によって進められた。その結果、文化六年までに一二〇万本の植林に成功した。同年、才次は御山支配役の職を辞し、四月七日に七七歳で病没した。

才次が実行した植林事業は息子才九郎《さいくろう》へと引き継がれ、以後天保期（一八三〇～四四）に至るまで同山の植林は続けられた。文化一三年七月、藩は木原才次の功労を顕彰する目的で「大屋繁茂の記」という頌徳碑《しょうとくひ》を駒返《こまがえり》峠《とうげ》（熊本県阿蘇郡南阿蘇村）に建てた。碑文中には、スギ・ヒノキの植栽にあたって「昼夜身力を尽くし、野火を制し諸木を伐り、檜・杉などの挿芽を致す」など、才次がこの植林事業に心身を注いだ様子が刻まれている。また、死を迎える前に息子たちを呼んで、「此《こ》の山蕃栄《はんえい》の事に精力を尽くし、野火防禦《ぼうぎょ》の具《そなえ》に勤務を励すべし」と遺言を残したことも伝えられている（遠藤安太郎編『日本山林史 保護林篇 上』）。

このように、熊本藩の植林事業は各手永の御山支配役たちによって担われてきた。熊本藩においては木原才次以外にも御山支配役による植林事業の例が見られる。

例えば、御船川《みふねがわ》の水源であった辺田見《へたみ》村・上田代《かみたしろ》村（熊本県上益城郡御船町《みふねまち》）では、木倉《きのくら》手永の御山支配役光《みつ》永直次《ながなおつぐ》による植林が実施された。直次が同地の植林を開始したのは文化一二年からであり、弘化四年（一八四七）までにスギ・ヒノキ二四〇万本の植林に成功した。この植林事業は光永直次が職を辞した後も、子の直治《なおはる》によって引き継がれ、全てが終了したのは慶応三年（一八六七）のことであった。

また、南関《なんかん》手永の御山支配役であった瀬上林《せのうえりん》右衛門《えもん》は文政七年（一八二四）に同手永にある和仁山《わにやま》への植林に着手し、同一二年までに一〇〇万本の木々を植栽したことで知られている。記録によれば、実際には林右衛門の祖父の代の元文三年（一七三八）から植林が開始されており、父甚兵衛と林右衛門によって植林事業が受け継がれ、文政六年までに約八六八万本の木を植樹していたとされている。文久三年（一八六三）八月、瀬上林右衛門の功労を讃える碑文を刻んだ献灯が、上和仁村《かみわにむら》・中和仁村《なかわにむら》（熊本県玉名郡和水町《たまなぐんなごみまち》）の百姓たちによって建てられた。碑文には、和仁山が「田地養《やしな》ふ水の源」であり、樹木が繁茂したことによって谷川の水が絶えなくなったと刻まれている（遠藤安太郎編『日本山林史 保護林篇 上』）。

以上、熊本藩における植林事業の展開と御山支配役について述べてきた。ここまで紹介してきた植林の事例は、いずれも御山支配役によって積極的に計画・実行されてきたものと言える。彼らは当該地域の様子やそこで暮らす百姓たちの様子を直に感じ取ることができたからこそ、山の大切さを認識し、植林を実施するに至ったのだろう。また、ここまであげてきた事例は、いずれも水源涵養の機能を促進させる結果をもたらすものとなった。熊本藩で展開する植林事業は、水源涵養林の造成と大いに関係して進められたものだったのである。次節では、さらに水源涵養林の造成を目的に植林がなされた事例を、著名な阿蘇《あそ》山周辺地域を例に見ていきたいと思う。

3　「田地用水」と深葉山

熊本は「火の国」とも称されることがある。その理由の一つは、阿蘇山があるからであろう。阿蘇山は現在の熊本県阿蘇地方に位置する活火山で、世界でも有数の大型カルデラと外輪山《がいりんざん》（カルデラの縁にあたる尾根の部分）を含めた地帯の総称である。中央火口丘には最も高い高岳《たかだけ》（約一五九二メートル）をはじめとする阿蘇五岳《あそごがく》のほか、往生岳《おうじょうだけ》など一〇〇〇メートル級の山々が連なっている。

阿蘇山のうち、北外輪山《きたがいりんざん》（北西の外縁部に位置する山々）の一つに深葉山《ふかばやま》という山がある。この深葉山は阿蘇郡と菊池《きくち》郡の境界に位置しており、江戸時代に入ってから藩有林として「深葉御山」と呼ばれていた。文久三年（一八六三）に北外輪山を描いた絵図を見てみると、「市成山《いちなりやま》」と「案ノ石」の間に深葉山が位置している（図Ⅱ−3−3参照）。この深葉山は、領内でも最良の米所であった菊池平野を潤す菊池川の水源でもあった。

深葉山の植林は文政六年（一八二三）九月から始まった。これに関する史料としては、「深葉山一巻《ふかばやまいっかん》」（阿蘇町編『阿蘇町史　第三巻〔史料編〕』）がある。この中に、内牧手永惣庄屋の坂梨順左衛門《さかなしじゅんざえもん》らがなぜ植林を計画したのかを説明している箇所がある。これによれば、かつて深葉山は木立が生い茂っていたが、七〇年前に炭焼が行われたり木地師《きじし》が入り込んだりしたことで次第に荒廃してきたという。さらに、尾根や峠などは野火により焼失してしまったともある。同山は「御田地用水にも相成り申し候所柄」であるので、このように荒れてしまっては川筋が枯れてしまい被害が少なくない。そこで、年々「差穂《さしほ》」（挿し木を指す）などを行えば山が再興するので、坂梨順左衛門らが植林する場所を調査し、費用の見積もりを出すことにしたと述べている。これに基づき、同年一二月二二日には来春より一〇年の間に植林を実施するようにという通達が藩から出された。

実は、この植林が開始されるよりも前の寛政五年（一七九三）には、百姓たちを移住させ麦畑を開墾させる計画もあった。しかし、同地は高冷地で麦が一向に生育せず、移住した百姓たちはその地にとどまることはなかった。ところが、深葉山はヒノキ・スギの生育に適しているということがわかり、最初の植林計画がこのとき立てられた。しかし、本格的な植林の実行にまでは至っていない。

文政七年二月には、藩は湯浦村をはじめとする内牧手永の一二か村に対して、深葉山からの薪採取を認める代わりにヒノキやスギの苗を植え付けるよう命じた。この植林事業の対象となった場所は二七〇〇町歩あり、それらの地への植林が以後一九年間続いた。結果、当初計画された二七〇〇町歩全てへの植林は達成できず、

図Ⅱ－3－3　文久3年（1863）「内牧手永絵図」のトレース図
春田直紀「阿蘇山野の空間利用をめぐる時代間比較史」（湯本貴和編『野と原の環境史』文一総合出版、2011年）235頁の図に加筆。絵図は熊本県阿蘇市湯浦の児島家所蔵。市成山と案ノ石の位置は丸で示した。

一四〇〇町歩への植林がなされるに止まり、残りは萱野として残された。

深葉山への植林事業は、同山が「田地用水」であることを理由として開始された。当時の人びとにとって深葉山が「田地用水」の山と認識され、それに基づいて植林がなされたことを見ると、同山が水源涵養林として人びとの生活に欠かせないものであったことがわかる。「火の国」の象徴である阿蘇山は、水源涵養林として人びとの生活に密着した一面も持っており、熊本藩の人びとはそれを守り育ててきたのである。

トピック

深葉山における「山」と「野」の利用

　阿蘇山野の利用について研究した春田直紀氏によれば、深葉山を含めた北外輪山には樹木が生い茂る「山」と草地を中心とする「野」が混在しており、中世以来周辺の村々の者たちによって利用がなされてきたという。中世には「山」は阿蘇社の神殿の建築用材供給地として、「野」は「年の神」に捧げる鳥獣を捕獲する狩猟場、および大宮司の採草放牧地としてそれぞれ利用されていた。近世期の深葉山は、「山」では薪炭林の伐採、「野」では狩猟やカヤ・馬草などの採草が行われ、それらが明確には区分されず利用されてきた。春田氏によれば、北外輪山の「山」と「野」が明確に区分されたのは、本文でも述べた文政六年（一八二三）の深葉山の植林事業のときである。それは、植林事業に先立って行われた「輪地囲《わちがこ》い」によって、目に見える形で分離されることになったという。

　「輪地」とは、野焼きの際に森林への類焼を防ぐために設ける防火帯のことで、現在でも使われている言葉である。文政六年の「輪地囲い」によって、植林の対象となる「山」の外側に広大な草地としての「野」を人為的に形成し、「山」と「野」が明確に分けられた。このうち、「野」は周辺地域の村々の採草地としての利用が幕末までなされるようになるが、境界が不分明な場所や水源にあたる場所は「御留山」として採草が禁じられた。

　深葉山をはじめとする北外輪山は「山」と「野」が混在し、領主や周辺の村々による地域資源としての利用が、時代を通じてなされてきたのである。

【参考文献】

遠藤安太郎編『日本山林史 保護林篇 上』（日本山林史刊行会、一九三四年）、森田誠一「肥後藩林政の性格について」（『熊本史学』五、一九五三年）、林野庁編『徳川時代に於ける林野制度の大要』（林野共済会、一九五四年）、塩谷勉「部分林制度の史的研究（四）」（『九州大学農学部演習林報告』二五、一九五五年）、渡辺喜作『林野所有権の形成過程の研究—資料六 肥後細川藩林政史—』（私家版、一九八四年）、木村礎ほか編『藩史大事典 第七巻』（雄山閣、一九八八年）、新熊本市史編纂委員会編『新熊本市史 通史編 第四巻』（熊本市、二〇〇三年）、阿蘇町編『阿蘇町史 第三巻』（阿蘇町、二〇〇四年）、岩本税「入会権相論と林政の転換」（『年報熊本近世史』平成一六年度、二〇〇四年）、春田直紀「阿蘇山野の空間利用をめぐる時代間比較史」（湯本貴和編『野と原の環境史』文一総合出版、二〇一一年）

（萱場真仁）

Ⅲ 風・飛砂・潮に備える

福井県坂井郡北潟村（あわら市）の防潮林

昭和初期頃の様子。遠藤安太郎編『日本山林史 保護林篇 下』（日本山林史刊行会、1934年）116頁より引用。

一　屋敷を守る防風林

1　様々な呼び方

防風などを目的に屋敷の周囲や、屋敷内に仕立てた林の起源は古く、最も古い記録は慶雲三年（七〇六）の文《もん》武《む》天皇の勅といわれている（遠藤安太郎編『日本山林史 保護林篇 上』）。その分布は広汎であり、呼称も多様である。本章で主に用いる「屋敷林」という言葉の読み方でさえ、現代に限っても「やしきばやし」とするものと、「やしきりん」とするものがある。それ以外にも民俗学の成果によれば、「屋敷森」「居久根」「四壁」など様々な名称があり、さらにその読み方にも異同を確認できる。

屋敷林の呼称の分布については、岩崎真幸氏が一覧を作成している。〔図Ⅲ－1－1〕は民俗学の成果であり、全てが江戸時代まで遡るとはいえないが、屋敷林の多様な呼び名を知ることができよう。東北から北関東および九州には「クネ」という言葉を含む名称を多数確認できる。このクネは地境を示すとする説がある。「ヤシキバヤシ」は南関東にまとまって確認できるが、滋賀県などでも確認できる。

また、細微に見ていくと、特定の地域内において呼称の違いを確認できる。岩崎氏は福島県を事例に、江戸時代における諸藩の屋敷林をあらわす史料文言も紹介している。相馬藩では「居藪」「居囲」、磐城平《いわきたいら》藩では「屋敷囲」

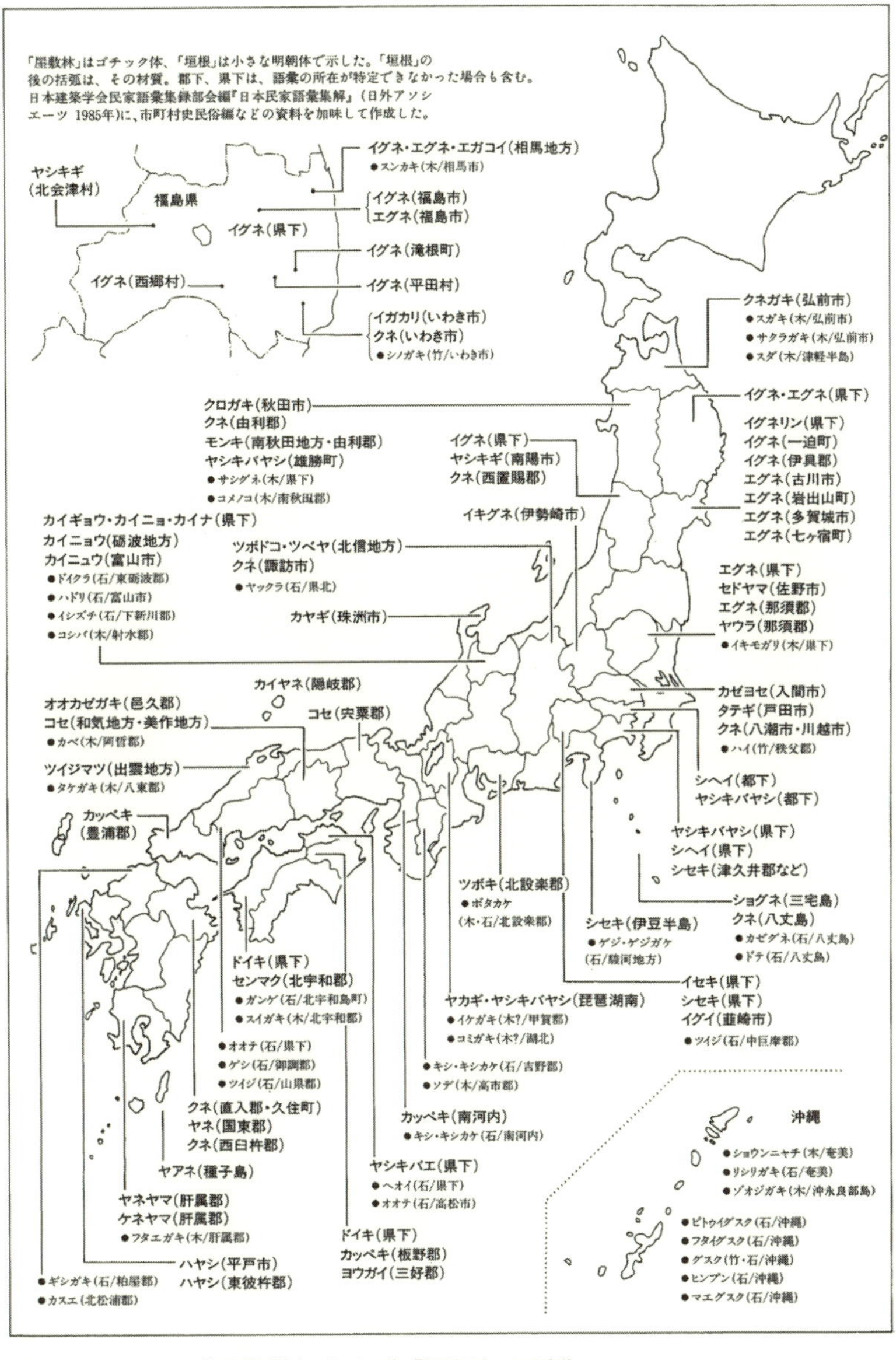

図Ⅲ－１－１　「屋敷林」および「垣根」の呼称

岩崎真幸「『屋敷林』の諸問題」（『歴史と民俗』6、1990 年）138 ～ 139 頁より引用。

「四壁」、桑折《こおり》藩では「居林」、長沼藩では「居屋敷くね」「居くね」「くね」「居くね風囲」、白河藩・越後高田領では「居久根」、福島藩・棚倉藩・会津御蔵入領では「四壁」という語が主に使われていた。なお、頻出する「四壁」は東京・神奈川などに分布するシヘイ・シセキ・イセキに共通のものである（岩崎真幸「『屋敷林』の諸問題」）。

簗瀬大輔氏の成果から、群馬県内における江戸時代の事例も紹介しておこう。元禄一三年（一七〇〇）、群馬郡白井《しろい》村では「百姓四壁」と書き、エノキ・マダケ、その他雑木が植えられていた。延享三年（一七四六）の群馬郡下野田《しものだ》村は、百姓屋敷林に「百姓居林」という言葉を用いている。宝暦九年（一七五九）の山田郡竜舞《りゅうまい》村の場合では「四壁」と記され、主にスギ・マツ・タケで構成されている。前橋藩の御林条目によると、寛延三年（一七五〇）の藩内では「居久根」を使用している（簗瀬大輔「中世の境内林と屋敷林」）。

以上の通り、呼称の分布のみに注目しても、その多様性を理解できよう。また、同じ漢字を用いていても、その読みは地域により異なるのである。本章では煩雑さを避けるため史料文言を除き、表記を「屋敷林」に統一する。

ここでは、主に屋敷林の防風林としての機能に注目するが、防風用樹木はその土地の季節風の向きに応じたものであり、屋敷地内のどの位置に植えられるかも地域により異なる。一般には、ほとんどが北・西の方向に仕立てられ、冬の主風を防ぐことを目的としている。ただし、後述する富山県砺波平野《となみへいや》では、年間で南・西の風が多く、南・西方向に設けられている。その一方で、毎年台風の被害を受けやすい四国・九州地方では、南側に大木を立てることは危険とされている（中島道郎『日本の屋敷林』）。

また、屋敷林は防風以外にも多様な機能を有する。すなわち、屋敷林の厳密な定義は難しいのが実情である。小稿では、岩崎真幸氏が掲げる、①計画性をもって仕立てられ、複数の樹木からなる、②私有地内にある、③居住空間に隣接もしくは取り込まれている、④家の施設もしくは設備の一部として、日常生活に不可欠な機能を有する、という四つの特性を持つものを屋敷林としてとりあげ、特に防風機能に注目する。

2　領主による規制

前節で述べたとおり、屋敷林の主要な機能の一つは、防風用樹木を配置することにより、屋敷とそこに居住する人の生活を季節風から守るものである。しかし、江戸時代においては、領主による規制を受ける地域もあり、自らの屋敷内だからといって、誰もが自由に屋敷林を仕立てられたわけではない。屋敷林内における樹木の配置や樹種について述べる前提として、まずここでは領主による規制に注目したい。

江戸時代において屋敷は年貢《ねんぐ》が賦課《ふか》される地であり、そこに生育した樹木が領主に徴発されることもあった。そのような地域では、領主による様々な規制を受けた。年貢については、領主により、藪銭などを徴収するところもあるが、たいてい四壁引または検地の際に租税を軽減し、屋敷林に隣接する田畑も同様とする事例を確認できる。

ただし、人家や田畑の日陰になってしまう場合は、蔭伐《かげぎり》させた。日照不足の大きな原因となる場合は、根伐《ねぎり》させることもあった。例えば、人吉藩では、天明八年（一七八八）七月に「諸郷居屋敷の雑木」について、家や田畑の障りになるものについては、出願により見分のうえで、御用木にならないものは伐採させ、屋敷主に下付するとした。ただし、無年貢地の場合は代銀を上納することとしている。なお、同藩のように屋敷林内の樹木を伐採する際に、見分を行う藩は散見される。

樹木の伐採に対しては、一部もしくは全部に制限を加える領主もいた。また、植え付けを強制し、成立した屋敷林は一切禁伐にしたり、特定の樹種や大木のみ伐採を禁止した場合がある。例えば、盛岡藩では、寛保三年（一七四三）一一月に諸士屋敷の前庭などのスギ・ヒノキ・マツ、その他の大木を伐採することを禁じている。この際、防火・防風のため屋敷内にスギなどを植えることも奨励し、スギについては苗木を支給することとした。植栽した樹木については、自家の用材にすることも認めている。仙台藩では、元和二年（一六一六）一一月に、百姓の屋敷林内のマツ・スギ・ヒノキなどをみだりに伐採しないように申し付けている。福岡藩では、文政年間（一八一八〜三〇）に「百姓四壁廻り」のクスノキ・スギなどの上木は願い出ても下付しないが、雑木に関しては下付するという命令を出している。

その一方、大木であっても自由に伐採させ、伐採木は自家用に供させ、公用の必要がある時もみだりに徴発せず、屋敷林の育成を奨励する領主も存在した。津藩では、慶安元年（一六四八）九月に、留山以外に植えた樹木は、百姓が自由に薪や家の柱にも利用できるようにした。翌年三月には、従来百姓の屋敷林の中で御用木になるものを改帳に登録させていたが、それを廃した。同時に百姓が自由に「四へき」や林を立て、家の柱や薪に利用することを許し、どのような木を植えても藩は改めを行わないとした。さらに同年八月には、「四壁」や林を荒らさないように申し付けている。

もちろん、上述の政策は近世を通じて一貫したものではなく、時期による変化を確認できる地域もある。以上の通り、屋敷林は領主の用材源としての機能も有していた。そのため、領主による規制の強い地域を確認できた。その一方で、屋敷林の植え立てを奨励するために、規制が緩く、樹木の自由な利用が認められる地域も存在した。このように、領主の政策をみても、時期や地域により大きな差異を確認できる。

3　多様な樹種と機能

先に述べたとおり、小稿では主に防風林としての機能に注目するが、屋敷林に求められる役割は、居住者の生活や地域の気候に起因しており、一概に述べることはできない。防風以外の機能として、防火・防煙・防水・防砂・防霧・防潮、気候調節、境界、燃料用材・建築用材・タケ・タケノコ・肥料・果実などの採取、屋敷地の地面を固めることなどがあげられる。さらに、樹種や配置も、気候や求める機能により変わってくる。本節では、全国的な樹種の傾向と防風以外の機能について概述したい。

屋敷林に植えられる樹木の種類は、中島道郎氏による幕末以降に植えられた事例の分析結果によれば、東北日本から西南日本に行くに従って、針葉樹、特にスギの混合が少なくなり、落葉広葉樹も次第に減少し、常緑広葉樹が多くなっていく傾向がある。また、近畿・中国地方では、アカマツ・クロマツが多く、瀬戸内海にアカマツが多い。関東地方ではケヤキが多く混合し、庄内平野ではヒバが多いとされる。

また、機能に応じて樹種が選択されることもある。民俗学の成果に学べば、防火のためには、常緑樹が選択されることが多いようである。福島県相馬地方ではカシに防火作用があるといわれ、群馬県伊勢崎《いせさき》市でもカシグネは落葉しないし火を呼ばないといわれる。薪（燃料）の材料となるのは、主に雑木である。境界としての機能に注目すれば、外敵防備のために棘《とげ》の多いスギ・ウコギ・カラタチなどで垣根を仕立てる地域もある。ただし、境界としての機能は、実効より心意面での効用によるとの指摘がある。すなわち、日本に古くから存在する、囲まれた空間を侵す行為は罪と考えられる社会通念に支えられていた。

タケも、種類により利用方法が異なる。モウソウチクは丈夫で腐りにくいので、間伐《かんばつ》した材は井戸堀の竹籤《たけひご》、掘り抜き井戸の菅《かん》、海藻養殖の海苔竹、枝は庭箒《にわほうき》の穂に使った。ハチクは盆棚や門松《かどまつ》に使用した。マダケは籠屋《かごや》などに売ったり、自家で細工したり、墓地で盆の花を飾る竹筒にした。

果実類を採取するために植えられるものとしては、ウメ・モモ・カキ・クリ・ナシ・アンズ・クルミ・ビワ・ユズ・サンショウ・イチジク・ギンナンなどがあげられる。また、搾油《さくゆ》原料であるカヤ・ツバキ、葉を利用するチャ（茶）・クスノキ・カシワなども植えられた（岩崎真幸「『屋敷林』の諸問題」）。

江戸時代の事例を述べれば、江戸の旗本《はたもと》屋敷では、庭に薬になる樹木や草があり、自家で利用したり、親類縁者に送ったり、交際関係を深めるために同じく幕府に仕える旗本などへ贈られることもあった（氏家幹人『江戸の病』）。

このように屋敷には、気候や必要に応じて、様々な樹木が植えられ、それらは多様な機能を有していた。節を改め、関東と北陸を事例に、小稿の主題である防風機能に注目しつつ、屋敷林の機能と樹木の配置を紹介する。

4　屋敷林の機能と樹木の配置

関東地方　不破正仁氏・藤川昌樹氏は、明治二〇年代に原徳太郎・青山豊太郎が作成した、関東地方の富裕層の民家を描いた銅版画を分析している。銅版画は明治期のものであるが、描かれた屋敷林の樹木は、これ以前に植栽、または自然に発芽・成長したものであり、江戸時代の様子をしのぶことができよう。

両氏は分析の結果、屋敷内に存在する①防風用の大木、②祠《ほこら》とセットになる孤立木（特異な樹形で描かれることが多い）、③屋敷の境界樹木（生垣）、④建物周辺の面状樹木、⑤観賞用樹木（銅版画の対象が裕福な家に限定されているため出現比率は高い）、⑥屋敷畑、⑦植栽棚、⑧ソテツ、という特徴的な樹木を指摘している。

③については、二種類確認できる。一つは建物より明らかに低い場合であり、もう一つは建物の一階部分を覆うほど高いものである。この違いは求められる機能に基づくもので、前者は道や田畑との境界を示すためのものであり、後者は境界を示す他に防風や遮断の目的があるといわれている。

④は関東地方の特徴とされるものである。これは、屋根あるいは二階付近まで葉を茂らせ、平滑《へいかつ》な面状を形成し、長方形に整えられていた樹木である。敷地内の建物の周囲に存在し、特に蔵の付近に描かれることが多い。防風・防火のため建物の北側・西側に配置される場合と、日射除けのため建物の南側に設けられる場合がある。樹種は常緑で整形しやすいものである。

①～⑧の特徴的な樹木の出現比率から、関東地方の屋敷林は三つに分類できる。一つは、東北地方によく見られる、北西方向からの季節風の防護に主眼をおいた屋

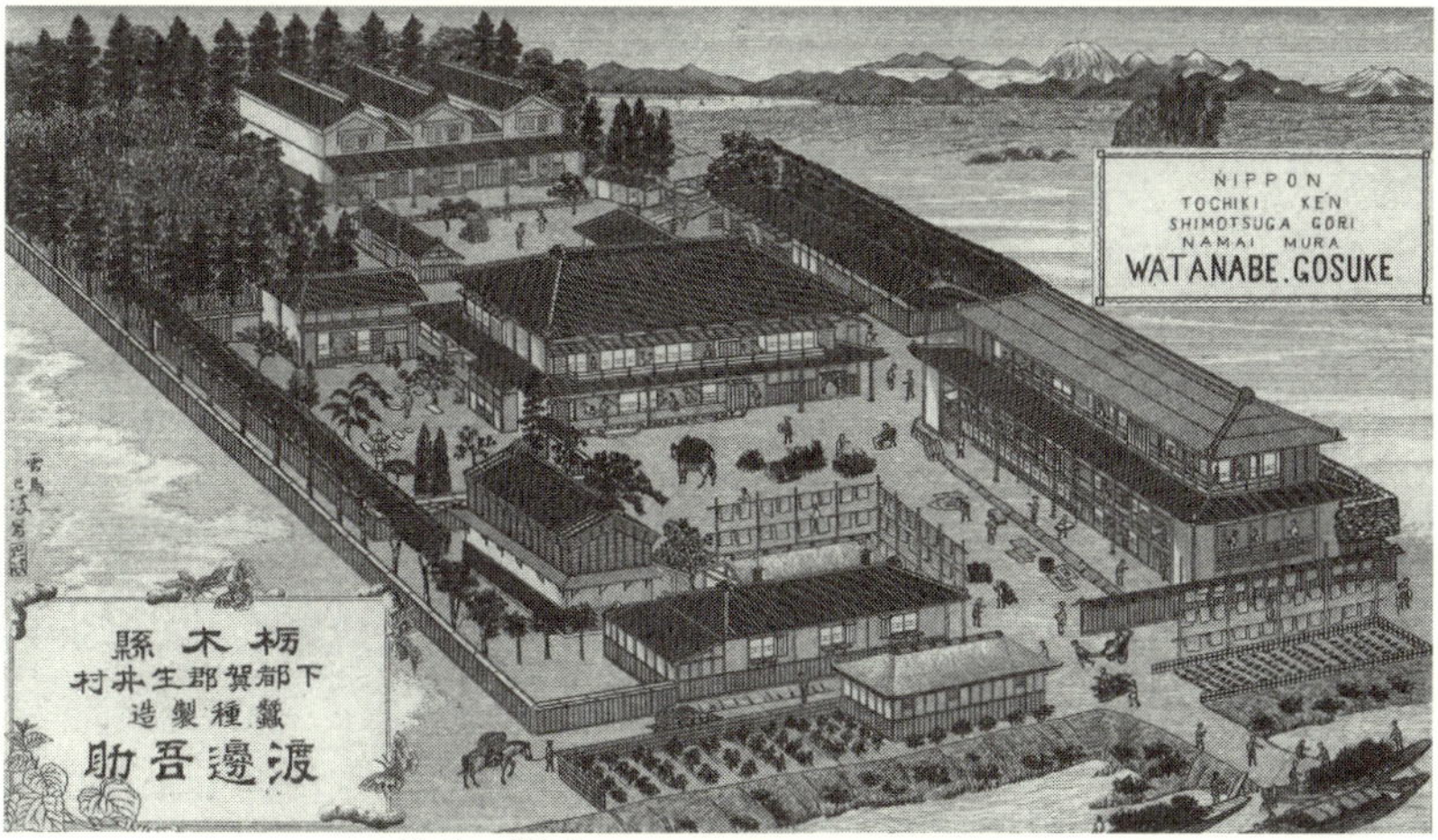

図Ⅲ－1－2　下野国都賀《つが》郡生井《なまい》村渡辺家を描いた銅版画

青山豊太郎『大日本博覧図』（精行社、1892年）208頁より引用。「北方系」の特徴である屋敷背後の針葉樹を確認できる。

敷背後の大木群（針葉樹林）が特徴の「北方系」であり、特に北関東で発達している（図Ⅲ－1－2参照）。また、母屋《おもや》背後に位置する広葉樹を構成樹とした大木と祠のセットが配置されることも多い。生垣も見られるが境界を示す程度で、蔵の側に配される面状樹木の出現の方が目立つのも特徴である。

もう一つは、関東南部（千葉・神奈川）で見られるような、生垣を主体とし、ソテツなども併せて植えられる「南方系」である。高木の生垣が特徴の反面、面状樹木の出現が少ない。屋敷背後林も北方系ほど発達しておらず、卓越風に対する防御より、台風など四方から吹く風に備えたものと推測される。出現する針葉樹も耐潮性の強いマツが描かれる事例が多い。比較的温暖な房総半島南東部や三浦半島南部では、ソテツが描かれることが多く確認できる。

なお、埼玉・茨城では、「北方系」と「南方系」の混合する事例を確認できる。その特徴は屋敷内で時に数か所に出現する面状樹木である。

以上の通り、関東地方の屋敷林は、防風機能に注目すると二つの地域に分類できる。北風の強い北関東においては、北・西に防風用樹木が仕立てられるのである。それに対して、南関東では海からの潮風や台風を意識した樹種と樹木の配置になっているのである。

北陸地方　富山県の砺波平野では、「高（土地）は売ってもカイニョ（垣根）は売るな」という言葉があり、大きな屋敷林は住む人の自慢であり、先祖代々大切に守り育てられてきた地域であることが察せられる。なお、「垣根」の読み方は、現在は一般に「カイニョ」「カイニュ」「カイナ」などであるが、江戸時代の古文書の中では「カイネ」と読んでいた事例を確認できる。

当該地域の風土は、冬は雪が降って寒く、夏は三〇度を超す暑さで、一年を通じて西風が卓越する。農家では寒い冬を凌《しの》ぎ、吹雪や雨風から家を守り、夏の強い日差しを防ぐためには屋敷林は欠くことができない。先述の通り、一般にこの地域の屋敷林は南側から西側にかけて厚く配置されている。

また、平野を流れる庄川《しょうがわ》は暴れ川で、扇状地《せんじょうち》の開拓にともなってつくられた散居村《さんきょそん》（広い耕地の中に屋敷が散らばって点在する村落）では、洪水から屋敷を守る土手や石垣が築かれ、タケ・スギ・カシ・ヒサカキなどの水流に強い木が植えられた。これらの樹木は、安定した堤防が築かれる寛政年間（一七八九～一八〇一）までは、水害を防ぐ大きな役割を果たしたといわれている。近年、当該地域の屋敷林にはクロマツ・アカマツなどが取り入れられているが、かつては水を好むスギが主体であった。また、どの屋敷にも必ず数種のタケが植えられ、強風や洪水を防ぐのに役立ったほか、建築材料・生活用具・農業資材・食料として広く利用された（砺波郷土資料館編『砺波平野の屋敷林』）。以上の通り、砺波平野では西・南からの季節風とともに、水害を意識した屋敷林の構成となっているのである。

風と屋敷林　小稿では、防風機能に注目して屋敷林について概観した。一言で防風といっても、屋敷林が対応する風の向きや質は全国一律ではない。東北や北関東のように北・西側に防風用樹木を植える地域もあれば、砺波平野のように南・西側に植林する地域もある。また、南関東のように、潮風や台風による四方からの風に応じた樹種や配置をとる地域も存在したのである。

トピック

からっ風から畑を守ったお茶の木

関東地方は冬の季節風の強い地域である。からっ風と呼ばれ、北西方向から乾燥した強い風が吹き付ける。そのため、北関東を中心に、防風林をともなう屋敷林を多く確認できる。冬のからっ風は非常に強烈であり、その被害は屋敷のみではなく田畑も受けるのである。

武蔵《むさし》国の武蔵野新田《むさしのしんでん》では、新田開発当初は、防風のため家の周りに土手を築くか、できない者は地面を深く掘ってその中に伏屋造り（たて穴式住居）をつくって住んだといわれている。それでも砂は屋敷内にも進入するため、近世初期には、野火止用水《のびどめようすい》周辺では、風が強い時は砂塵《さじん》を防ぐために畳の上に紙を敷いていたといわれる。また、農民は草を刈る時、杭を打って草を入れる背負籠を縛り付けないと、風に吹き飛ばされてしまううえ、風が強い日は人も転ばされるほどであった。さらに、武蔵野新田では、地表《ちひょう》の芝を剥《は》がして畑としたため、土砂を吹き飛ばす激しい風に悩まされた。現代も同様で、地元の人は砂風を、土風・砂風・赤っ風と呼ぶ。

現在、埼玉県西部では狭山《さやま》茶のブランド名により、チャが栽培されているが、当該地域では古くから風除《よ》けの目的で畑の周りにチャが植えられてきた。当初はウツギだったといわれるが、のちにチャが選択されるようになる。季節風により、芽生えた麦が土や砂に埋められることや、養分を含んだ表土《ひょうど》が吹き飛ばされるのを防ぐためである。このようなものを畦畔茶《けいはんちゃ》と呼び、広い畑の中に何列もチャの垣根をつくった。

【参考文献】

遠藤安太郎編『日本山林史 保護林篇 上』（日本山林史刊行会、一九三四年）、遠藤安太郎編『日本山林史 保護林篇 資料』（日本山林史研究会、一九三六年）、中島道郎『日本の屋敷林』（森林殖産研究所、一九六三年）、岩崎真幸「『屋敷林』の諸問題」（『歴史と民俗』六、一九九〇年）、砺波郷土資料館編『砺波平野の屋敷林』（砺波散村地域研究所、一九九六年）、伊藤好一「武蔵野の砂風を防いだ狭山茶の垣根」（農山漁村文化協会編『江戸時代にみる日本型環境保全の源流』農山漁村文化協会、二〇〇二年）、三宅修・竹原明秀「農村景観における屋敷林研究の意義」（『植生情報』六、二〇〇二年）、赤坂憲雄「屋敷林のフォークロア」（『人間・植物関係学会雑誌』六―一、二〇〇六年）、不破正仁・藤川昌樹「明治期の関東地方における屋敷林の樹木構成パターンとその分布」（『日本建築学会計画系論文集』六三八、二〇〇九年）、氏家幹人『江戸の病』（講談社、二〇〇九年）、不破正仁・藤川昌樹「栃木県都賀地域における北方系屋敷林の原型とその変容実態」（『日本建築学会計画系論文集』六六六、二〇一一年）、簗瀬大輔「中世の境内林と屋敷林」（群馬歴史民俗研究会編『歴史・民俗からみた環境と暮らし』岩田書院、二〇一四年）、入間市博物館編『改訂版 狭山茶の歴史と現在』（入間市博物館、二〇一四年）

（坂本達彦）

二　越後国新潟町の海岸砂防林と新潟奉行川村修就

1　海岸砂防林とは

海岸砂防林とは、飛砂《ひさ》防止林、飛砂防備林などともいい、海岸林の一種である。たんに砂防林と称する場合が多いが、からっ風で著名な群馬県など、内地砂防林もわずかながら存在するため、これらと分けて海岸砂防林と大別されている。

海岸林とは海岸にある森林で、海岸地域の飛砂防備や防風、潮害《ちょうがい》防備など、海岸特有の災害を防ぐために設けられた保安林を総称するものであるが、その目的は重複する場合が多い。近年は歴史的景勝地としての意義が高まり、また、海浜公園など、レクリエーションや環境教育の現場としても注目されてきている。

2　海岸砂防林の歴史

四方を海に囲まれた日本における海岸砂防林など海岸林に関する史料上の記述は古い。『常陸国《ひたちのくに》風土記《ふどき》』によれば、奈良時代の慶雲年間（七〇四～七〇八）、常陸国鹿島郡若松浦（茨城県神栖《かみす》市付近）などでマツ山の伐採を禁じたとの記述がある。また、『万葉集』に多くの歌を残した、奈良時代を代表する歌人の山上憶良《やまのうえのおくら》（六六〇～七三三頃）は「大伴の御津の松原、かき掃きて…」との歌を残している。「御津の松原」とは、難波津《なにわづ》の松原のことで、現在の大阪府中央区御津八幡宮付近にあったと考えられている。いずれにしても、上古の記録からは海岸林の存在がうかがえるのみで、その目的や管理などは必ずしも判然としない。

戦国時代以降になると、より具体的な海岸林の存在が確認できるようになる。例えば元亀～天正年間（一五七〇～九二）に陸奥国《むつのくに》宮城・名取・本吉《もとよし》等の各郡（宮城県沿岸地域）で砂防を目的に海岸林が創設されたとの伝承があり、筑前国《ちくぜんのくに》箱崎（福岡県福岡市東区）の千代の松原については、慶長三年（一五九八）七月に、石田三成《みつなり》による伐採禁止の記録が残され、福岡藩政下においても砂防林として厳重に保護されている。その他、様々な海岸砂防林と思われる記録が散見するが、多くは伐採禁止に関するものである。明確に砂防を目的とした植栽に基づく海岸林の設置の記録は、静岡県沼津市の千本松原における天正年間（一五七三～九二）のものなどわずかである。

ところが、江戸時代になると「砂留并田方風除林」「屏風山《びょうぶやま》」「風除松」「砂除塩風囲」「浜辺松」などと称して、幕府や各藩の記録中に様々な海岸砂防林の保護・植栽・管理の記述が見受けられるようになる。これは、同時代以前の兵火によって焼き払われた海岸林の復興を目指すものであり、また、社会経済の進展にともなう港湾整備事業による資材として、また塩業などの燃料として伐採された海岸林の保護を目的としたものであった。また、港湾周辺の都市化にともない、同地域の飛砂による農地・人家・街道・河川・港湾の飛砂堆積《たいせき》による被害が顕著となったことも大きな理由である。

こうして江戸時代には、日本海沿岸を中心に、幕府や諸藩によって砂防などを目的とした様々な海岸林が植栽・保護・利用されていくこととなるのである（図Ⅲ－２－１参照）。その具体的な事例を、江戸時代の新潟町付近の

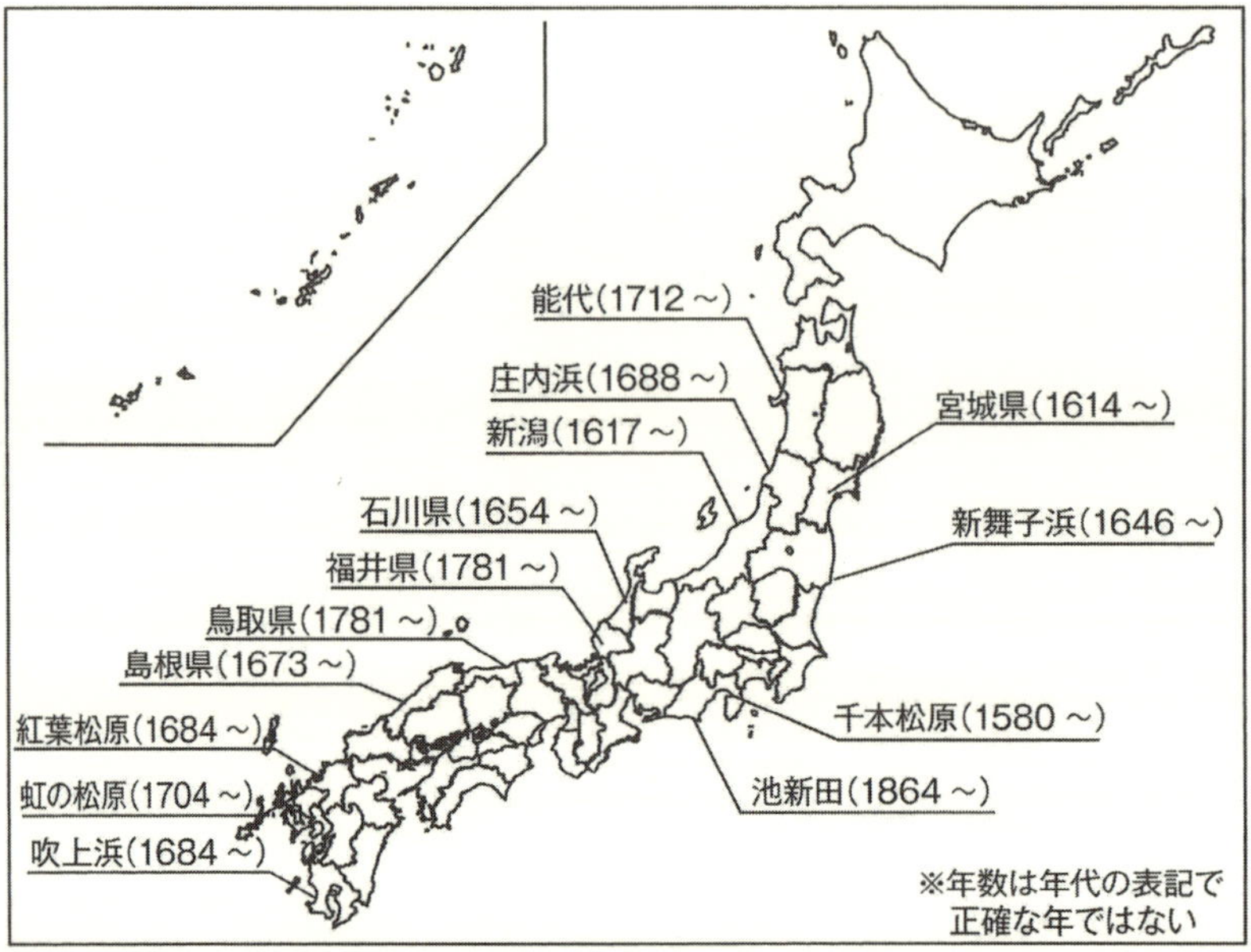

図Ⅲ－2－1　江戸時代の主な海岸林の造成地域
中島勇喜・岡田穣編『海岸林との共生』（山形大学出版会、2011年）32頁より引用。

海岸砂防林から見てみたい。

3　新潟町と飛砂

現在の新潟市域では、主に信濃川《しなのがわ》から日本海に流れ出た多量の砂粒が潮風や波濤《はとう》によって海岸に打ち上げられ、秋から冬にかけての激しい季節風によって飛散し、漸次、内陸部に堆積したため、広大な砂丘が形成されていたという。例えば信濃川や阿賀野川《あがのがわ》の河口には、ところによって幅二里の間に一〇列以上の大砂丘が列をなすといった有り様であったという。しかもこの砂丘は、毎年、移動・変化した。このため、樹木が少なく、同地の村々はしばしば移転を余儀なくされていた。

例えば、明暦元年（一六五五）に港湾開発により新潟の町が信濃川左岸の現在の地に移転してきた際、同地にあった寄居村《よりい》は現在の新潟市寺裏通付近に移転する。ところが、元禄元年（一六八八）には田畑のほとんどが砂中に埋まり、宝永元年（一七〇四）には人家の大半が飛砂で埋まるなど、飛砂の被害が相次ぐ。そして享保二〇年（一七三五）に村の四分の三が砂中に埋まり無年貢地となると、元文〜寛保年間（一七三六〜四四）に現在の新潟大学医学部付近へと移転、さらに明和〜安永年間（一七六四〜八一）には現在の新潟市寄居町付近へと移転していく。このように新潟町とその周辺部の村々では、江戸時代以降、飛砂による移転が相次いだのである。

こうした状況に対して、新潟を所領とした藩主たちが手をこまねいていたわけではない。元和二年（一六一六）、新潟を巡視した長岡《ながおか》藩主堀直寄《なおより》（八万石）は、新潟市域の砂丘の飛砂を防止することを痛感し、同三年に役人に命じてグミの植栽を命じたと伝えられている。これが同地における海岸砂防林造成事業の嚆矢《こうし》とされている。同四年、堀家に継いで長岡藩主となった牧野家（六万二〇〇〇石、のち七万四〇〇〇石）でも、代々砂防のための海岸林造成事業を続ける。正徳三年（一七一三）には砂丘へのマツ苗の植栽を命じ、宝暦年間（一七五一〜六四）以降になると、新潟町からの願い出により砂除《よ》け請負人が立てられ、藩費と町方からの出資金によって計画的に事業が進められることとなる。藩からは毎年二〇両ずつが支出され、不足分は町の費用で補いマツ苗などを植え付け、寛政一二年（一八〇〇）以降は、業務怠慢や不正を防止するため、町方が直接請け負うようになる。砂防のために植えられたのは、マツ・ネム・グミなどであった。当初は、苗木を根付かせられなかったが、苗木の根を深く植え、根元に塵芥《じんかい》を入れるなどの工夫や、植栽と合わせて砂除けのための簀立《すだて》を行うなどの努力により、海岸防砂林は次第に広がっていく（図Ⅲ－2－2参照）。

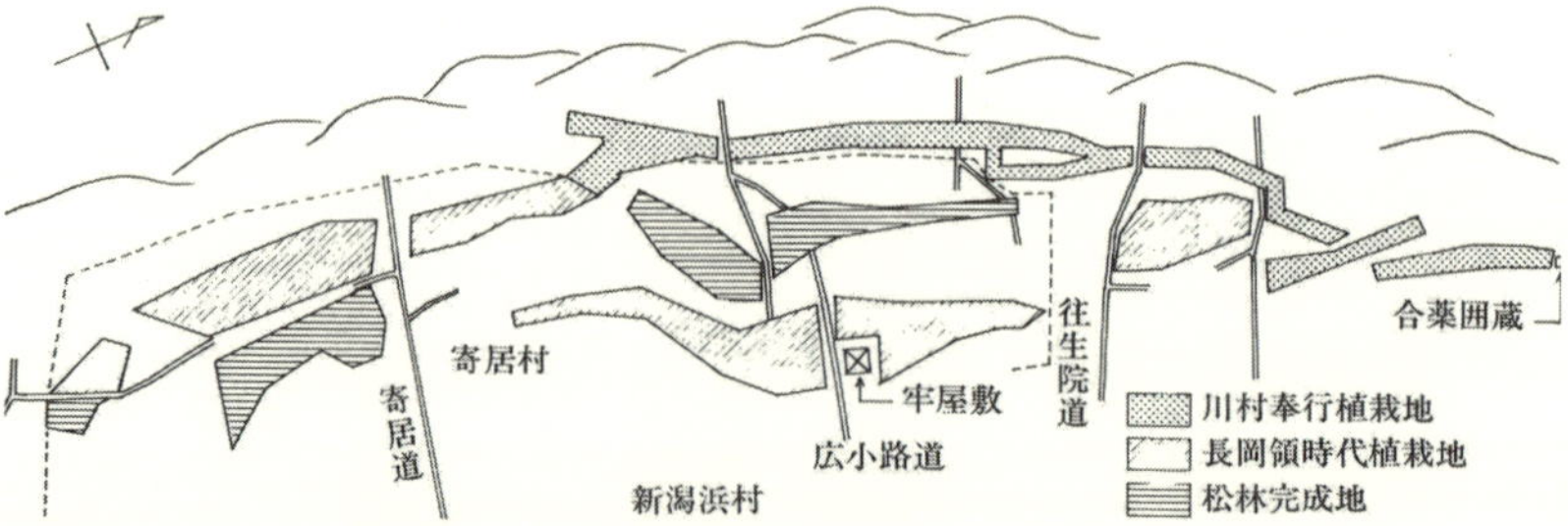

図Ⅲ－２－２　新潟町における海岸砂防林の形成

新潟市史編さん近世史部会編『新潟市史 通史編２ 近世下』（新潟市、1997年）71頁より引用。

４　新潟奉行川村修就

この事業は砂防林を広げただけでなく、砂防なった浜裏地では、新たな耕地や果樹林を生んだ。しかし、寛政年間（一七八九～一八〇一）になってからも、例えば現在の新潟市古町通付近の家々が砂に埋まるなど長岡藩と町方による砂防の努力は続けられていく。

こうした中、天保一四年（一八四三）、新潟町が幕府に上知《あげち》され幕府領となる。これは当時、日本海沿岸に頻繁に現れるようになった異国船への対応のため、幕府直轄の防衛拠点を築くためであった。この際、初代の新潟奉行となったのが川村修就《ながたか》である（図Ⅲ－２－３参照）。修就は着任早々、新潟町市域の見分を行い、五十嵐《いからし》浜（新潟市五十嵐付近）にて激しく吹き付ける飛砂の様子を目の当たりにする。翌一五年に修就は、砂防林の禁伐と簀垣《すがき》の踏み荒らしを禁じる御触書を発するとともに、幕府勘定奉行所へ、新潟町における砂防林の重要性を訴え、長岡藩時代と同様、年間二〇両、五年季ごとの砂防経費を支出し砂防事業を継続する許可を得る。あわせて、新潟奉行所に「砂除掛」と「諸苗植付掛」を設け、事業継続のための行政処理の体制を整える。前者は砂除けのための普請《ふしん》（簀立と植栽）を計画、実施する掛で、後者は植栽した苗木の監視と管理を担う掛である（図

Ⅲ－2－4参照）。この二掛を設け、砂防植栽事業の足場を整えた修就は、就任した翌年の天保一五年八月一一日には、早速、日和《ひより》山から願随寺《がんずいじ》（新潟市元祝町付近）にかけてマツ苗三三七五本の植え付けを命じ、同一四日には、自身も同地を見分している。これが完了した一五日夜、植栽を担当した配下の役人を労《ねぎら》うため夜食を振る舞うとともに、つぎのような歌を詠んだことが日記に記されている。

うつし植えし二葉の松に秋の月
　梢の影は誰か仰がん
（移植したまだ若い松に秋の月光が映る
　その梢の影からは誰が夜空を見ているのだろう）

また、修就は、北蒲原《かんばら》郡（新潟市の北方）の漁村に配下の役人を派遣し、マツ苗の育て方を見分させるなど、植栽方法の研究にも余念がなかった。

図Ⅲ－2－3　初代新潟奉行川村修就
新潟市歴史博物館所蔵。

長岡藩時代と、川村修就の新潟奉行着任以降による海岸砂防林造成の大きな違いは、前者が新潟町市域に近接した砂丘を中心に植栽したのに対して、後者が海岸線に沿って長大な砂防林を造成したことにある（前掲図Ⅲ－2－2参照）。また、修就は、砂防林を広げることによって、砂防を達成するだけでなく、当初から新たに利用できる土地の拡大をねらい、かつ砂防林の薪

新潟奉行所の職名と人数

組　頭	2人	広間役	6人
定　役	20人	並　役	30人
手付出役	2人	足　軽	20人
水主頭取	10人	足留水主	30人

新潟奉行所の掛（弘化3年〈1846〉）

奉　行―組　頭
- 地方掛
- **砂除掛**
- **諸苗木植付掛**
- 御普請掛
- 公事方掛
- 書　役
- 御武器掛
- 武術稽古場掛
- 隠密掛
- 市中定回役
- 手形改役並書物方掛
- 仲金取立掛
- 大川前外四か所御番所詰
- 洲崎御番所詰

図Ⅲ－2－4　新潟奉行所の組織

新潟市郷土資料館編『初代新潟奉行 川村修就』（新潟市郷土資料館、1997年）11頁より作成。

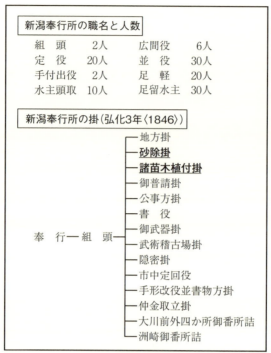

炭や普請用材への流用もねらっていたようである。そして修就は、知人に宛てた書状の中で「四、五十年後には、新潟は黒松の林に囲まれた地になっているであろう」（新潟市史編さん近世史部会編『新潟市史 通史編2 近世下』）と期待する旨を述べているのであった。さらに、その実施、管理については、造成地を一～五番組、南・北組の七組に分け、その責任を明確にしていた点も特筆できる。

　こうして修就は、天保一五年から嘉永二年（一八四九）の六年間で、マツ苗約二万六〇〇〇本を植え付け、嘉永二年には、植林が進み砂防が達成された場所について希望者を公募して新開地の開発させ、樹木について一定度の利用を許可している。

嘉永五年、川村修就は堺奉行に転任となるが、その後の歴代奉行も修就の事業を継続していくのである。こうした修就の海岸砂防林に対する事業の手厚さは、ひとえに彼が、新潟町の人情や風俗を愛したためであった。事実、修就は、新潟町の特徴的な六景を配下の役人に描かせ、自身でその詞書きを記した『蜑《あま》の手振り』という絵巻物を後生に残しているのであった。

5 砂防林のその後

ところが、明治になると勘定奉行所からの砂防経費が廃止され、支給されなくなったため、砂防事業は停止してしまう。砂防林内の畑地の耕作者によるわずかながらの管理では、砂防林を維持できなくなる。ようやく明治一二年(一八七九)になって、新潟町では砂防事業の復興を企図し、簀垣設置とグミやネムの植栽を行うが、経費が不足し見るべき効果は出なかった。同三四年には、新潟町の海岸砂防林を管轄することとなった長野大林区《だいりんく》所《しょ》により新潟市と協力して、砂防五か年計画が作成、実施されるが、日露戦争の影響などによりその進捗《しんちょく》を阻害されてしまう。

大正二年(一九一三)、新潟県からの示達に対して新潟市は「海岸保全第一期事業」を作成。昭和二年(一九二七)まで一五か年にわたる事業を開始し三二万円余もの経費を投入する。以後、事業は戦後まで継続し、砂防林を再び保護、管理できるようになったのであった。なお、昭和九年時点における当該海岸砂防林は、長さ九六〇間、幅七六間、八六町歩(約八五万二九〇〇平方メートル)である。

トピック　「御庭番家筋」の川村修就

将軍自身が幕政の主導権を握るため、行政機構を掌握している老中とは別に、直属の情報源として設置し、隠密御用を命じたのが御庭番《おにわばん》である。紀州藩主徳川吉宗《よしむね》は、享保元年（一七一六）に将軍家を相続した際、紀州藩において隠密御用を務めていた薬込役一六人と馬口之者一人を江戸に供奉し幕臣とする。彼らは「御庭番家筋」として、代々将軍直属の隠密御用に従事し、別家などでのちに二二家となり幕末まで存続する。

御庭番の表向きの職務は、主に江戸城本丸にある天守台下近くの御庭にある御庭御番所に交代で宿直することである。内密の職務になると、将軍や御側御用取次から直接指令を受けて、大名や遠国《おんごく》奉行などの実情を調査し、老中をはじめ幕府諸役人の行状や世間の風聞などを収集して、風聞書にまとめ上申した。

寛政七年（一七九五）に御庭番の家筋に生まれた川村修就もまた、数々の隠密御用を務めている。特に、文化一三年（一八一六）に小十人格御庭番に召し出されて以来、天保八年（一八三七）家督を継ぐまでの間、地方の国々に関する調査である遠国御用を計七回務めている。遠国調査といった地域の事情を見極める経験があればこそ、修就は、新潟奉行に着任して早々に同地の事情を把握し、海岸砂防林の植栽事業といった、地域特有の問題に着手できたのであろう。また、川村修就文書には『北越秘説』という、新潟町の抜け荷を御庭番が探索した、天保一一年九月付の報告書がある。この探索を行ったのが、修就自身か他の御庭番なのかは不詳であるが、その情報が、同一四年に初代新潟奉行となった修就にとって大いに役立ったことは間違いない。その後、修就は長崎奉行などを歴任し、明治一一年（一八七八）に享年八四で死去している。

【参考文献】

遠藤安太郎編『日本山林史 保護林篇 上』（日本山林史刊行会、一九三四年）、新潟市役所編『新潟市史 上巻』（名著出版、一九七三年）、新潟市郷土資料館編『初代新潟奉行 川村修就文書 Ⅴ』（新潟市郷土資料館、一九八二年）、深井雅海『江戸城御庭番』（中央公論社、一九九二年）、新潟市史編さん近世史部会編『新潟市史 通史編二 近世下』（新潟市、一九九七年）、新潟市郷土資料館編『新潟市における災害の歴史』（新潟市郷土資料館、一九九七年）、新潟市郷土資料館編『初代新潟奉行 川村修就』（新潟市郷土資料館、一九九七年）、深井雅海『江戸城』（中央公論新社、二〇〇八年）、中島勇喜・岡田穣編『海岸林との共生』（山形大学出版会、二〇一一年）

（田原　昇）

三　仙台藩の防潮林と村の暮らし

1　幕末の植林状況

青森県から千葉県に至る太平洋沿岸の砂浜には、クロマツを中心に人工的に植え立てられた海岸林が連なる。二〇一一年三月一一日に発生した東日本大震災により、これらの海岸林は甚大な浸水被害に遭い、一部は流失した。樹高を超える津波の猛威に耐え切れず根返りして人家に被害を及ぼしたクロマツ林があるが、津波の勢いを弱め内陸への浸水を遅らせるのに役立ったところもあり、津波に対する海岸林の減災・防災機能に大きな関心が向けられることになった。

また、日ごろ強風や塩害の影響を受ける海岸周辺だけでなく、海岸から数キロメートルほど内陸に暮らす住民からも、海岸林を失った震災後の環境の変化に不安の声があがっている。海岸林は近年、「白砂青松」といわれる観光資源としての価値や、地域の娯楽の場、さらに生物多様性の保全などの機能を併せ持つ多面的な役割が注目されているが、沿岸地域の生活に欠かせない基本インフラとしての役割の重要性が、図らずも震災により思い起こされることになった。

一方、被災した海岸林を再生する取り組みも、自治体や国の枠を超えた多様な団体や個人の支援を受けて進行している。苗木を育成し植栽する現場に参加したボランティアの体験が、インターネットを通じて国の内外に発信され、協力の縁を世界に大きくひろげている（公益財団法人オイスカホームページ）。海岸林の育成と管理は長らく地元の人々を中心に担われてきた歴史を顧みると、画期的な試みが始まっているといえよう。本節では、このような海岸林をめぐる現況に思いを寄せながら、仙台藩領の沿岸域にクロマツの植林が進んだ経緯をたどり、地元の暮らしとの関わりを述べてみたい。

まずは幕末の仙台湾沿岸部の様子をみておこう。〔図Ⅲ－3－1〕は、嘉永六年（一八五三）に仙台藩が作成した「御分領中海岸筋村々里数等調並海岸図」（仙台市博物館所蔵）の一部である。対外関係が緊迫し始めたこの時期、江戸幕府は全国の海岸防備の状況を把握する必要から、諸藩に海岸絵図の作成・提出を命じ、仙台藩は本吉郡以南を三帖一組の絵図として完成させた。沿岸部の街道、町場、河川などとともに、異国船の接近を監視する唐船《からふね》番所《ばんしょ》などの海防施設が描かれたが、海浜の樹木も海防施設のひとつとして重視され、描写の対象となったのである。

仙台湾岸には南の相馬藩境にかけて、ほぼ連続したマツ並木の描写がある。宮城郡荒浜など、漁村としての集落形成が進んだところは海浜部の植林はおこなわれなかったが、そうした地域を除いて、沿岸部には海岸線と平行に二列、ないし三列のマツ林が描かれたところもある。ただし、後述するように、海浜のマツ林は天保飢饉によって荒廃し、その後幕末にかけては再生を急務とする危機的事態のなかにあった。したがって、この絵図に示されたマツ林の情報は、当時の実態というより往時の姿を取り戻したいとする藩の姿勢が表れたものと考えられる。そのように読み取るにしても、仙台湾沿岸には、幕末までに、村域を超えて層をなすようにマツ林が造成さ

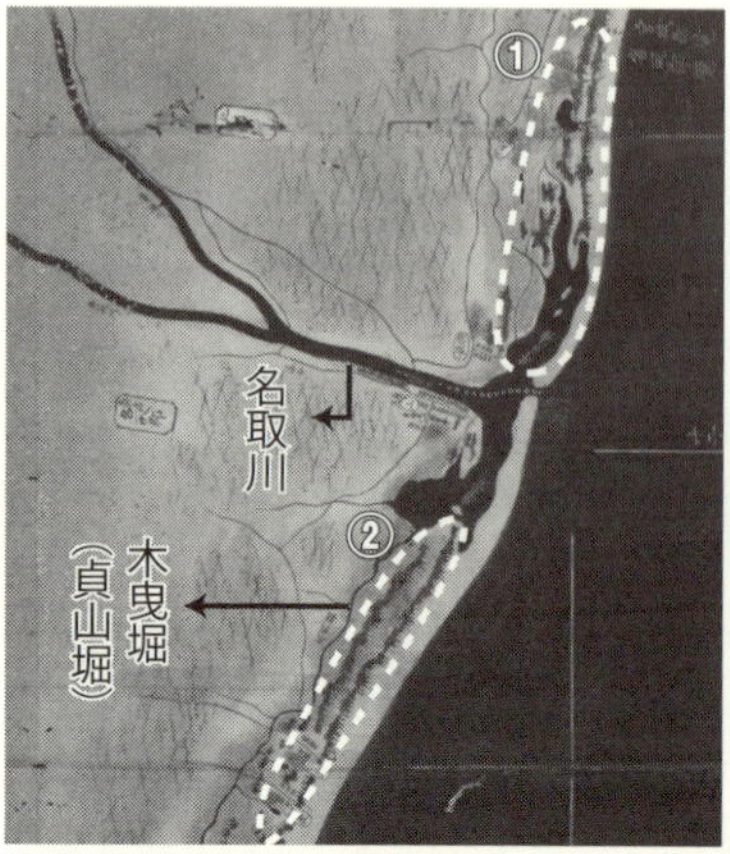

①名取郡井戸浜・藤塚浜のクロマツ林
②名取郡北釜・相ノ釜のクロマツ林

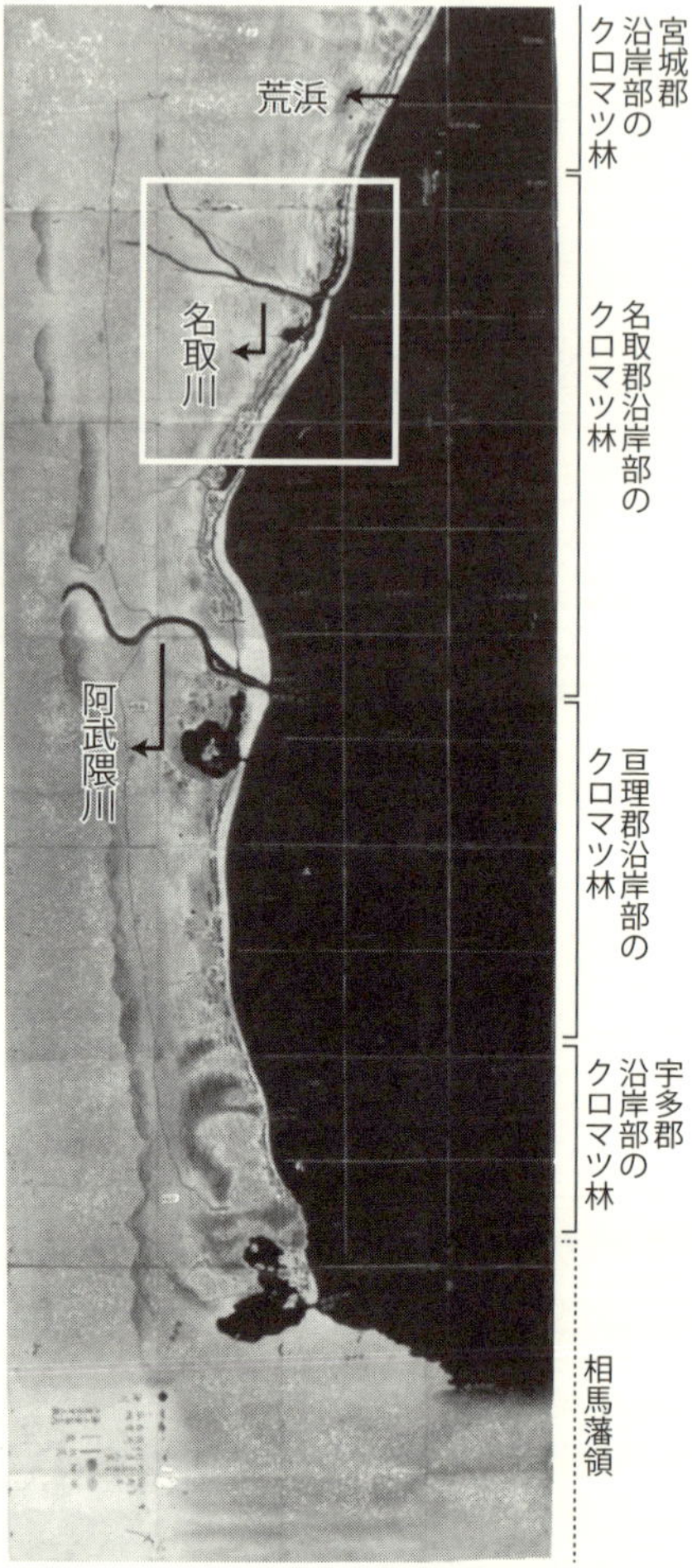

図Ⅲ－３－１
右：嘉永６年「御分領中海岸筋村々里数等調並海岸図」（仙台市博物館所蔵）に描かれたクロマツ林（３帖のうち１帖、宮城郡南部から相馬藩境まで）
左：右図の上部分（宮城郡・名取郡の一部を拡大）

れていたことを推察してよいだろう。この植林のひろがりは、仙台平野や名取平野を海浜近くまで新田化し、大穀倉地帯となした、藩と領民の不断の努力を映し出すものでもある。

2　沿岸部の開発と植林の推進

名取郡への植林　仙台藩領の海浜に植林が開始されたのは、この地に新田開発が進んだ一七世紀半ば以降の時期である。海岸の潮風や飛砂に対する耐性からクロマツの植林が推進されていくが、クロマツは東日本では自生しない樹種であるので、海岸林としての適性を知った人物により、他領から種子や苗木が導入されたことを想定する必要がある。これに関して、藩祖伊達政宗の功績とする伝承を含めて、いくつかの話が伝えられているが、いずれも確証的な事実ではない（菊池慶子「仙台藩領における黒松海岸林の成立」）。管見の限りで文献史料から早い時期の植林の取り組みを確認できる人物は、川村孫兵衛《かわむらまごべえ》元吉《もとよし》である。

元吉は、長州藩の浪人で関ヶ原合戦後に政宗に召し抱えられ藩の奉行職にも就任した川村孫兵衛重吉《しげよし》の女婿《じょせい》である。阿武隈川河口近くの名取郡早股村《はやまたむら》に最初の知行地を与えられた重吉は、北上川の改修をはじめとして、藩政前期の主要な土木工事を主導した功績が知られている。伊達政宗の時代の慶長年間後半から元和年間にかけて（一六一五～二四）、阿武隈川河口の荒浜と名取川河口の閖上浜《ゆりあげはま》を結ぶ運河として開削された木曳堀《こびきぼり》（のちに貞山運河と呼ばれる）も、重吉が主導したことが推測されている（蛯名祐一「慶長大津波と震災復興」）。木曳堀は阿武隈川流域から仙台城下に城の建築用材をはじめ物資を輸送する水路とされたほか、湿地の多い名取平野の排水路ともなり、この地の新田開発に大きく寄与するものとなった。重吉の養子となり、二代目孫兵衛を名乗った元吉は、重吉の偉業に続き、海浜一帯の田地が長年にわたり潮害を被ってきたことから数千株のマツの植林に着手し、潮害の防備を達成したのである（『伊達世臣家譜《だてせしんかふ》 巻之十』）。

それでは、元吉による植林はいつ頃、どのあたりで実施されたのだろうか。養父重吉が隠居したのは寛永一五年（一六三八）であるので、それ以降の取り組みとなるが、おおよその時期や植林の場所を推測できる材料となるのは、元禄一四年（一七〇一）に幕府に提出された「仙台領国絵図」（宮城県図書館所蔵）である。この絵図には、牡鹿《おしか》半島以南の仙台湾岸に濃淡の差のあるクロマツの並木が断続的に描かれている。阿武隈川左岸にひろがる砂州（現在の岩沼市から名取市沿岸部）には、最も太い枝ぶりのマツ並木の描写がある。次いで阿武隈川東岸の亘理郡・宇多郡、および七北田川西岸から塩竃にかけて、マツ並木の明確な表記がある。名取川西岸から七北田川東岸にかけての宮城郡海浜部は、ごく薄い描写にとどまっている。こうした微妙な描き分けは、植栽後の経年数による生育状況の違いを示すものと考えられるのであるが、後述するように、最も着色の薄い宮城郡海浜部の植林は、延宝年間（一六七三～八一）に藩の事業として実施されている。したがって、川村孫兵衛元吉が植林した場所は、知行地の名取郡早股村との距離からしても、最も鮮やかなマツ並木が描かれた、名取郡の阿武隈川左岸の砂州一帯の一部と考えらえる。この一帯の植栽の時期は、寛文年間から二〇年ほどさかのぼるものとみれば、二代藩主忠宗の時代の正保から承応年間（一六四四～五五）と推測してよいだろう。

宮城郡への植林　宮城郡のうち七北田川河口部の海浜（現在の仙台市宮城野区）への植林の経緯と規模については、元禄一〇年（一六九七）に藩が作成した「宮城郡《みやぎぐん》中山林《ちゅうさんりん》御《お》改牒《あらためちょう》」（小野家文書）により、詳細が知られる。中野村、蒲生村、岡田村端郷新浜《しんはま》の村域には、寛文年間から延宝年間（一六六一～八一）にかけて、一三区画（名称）

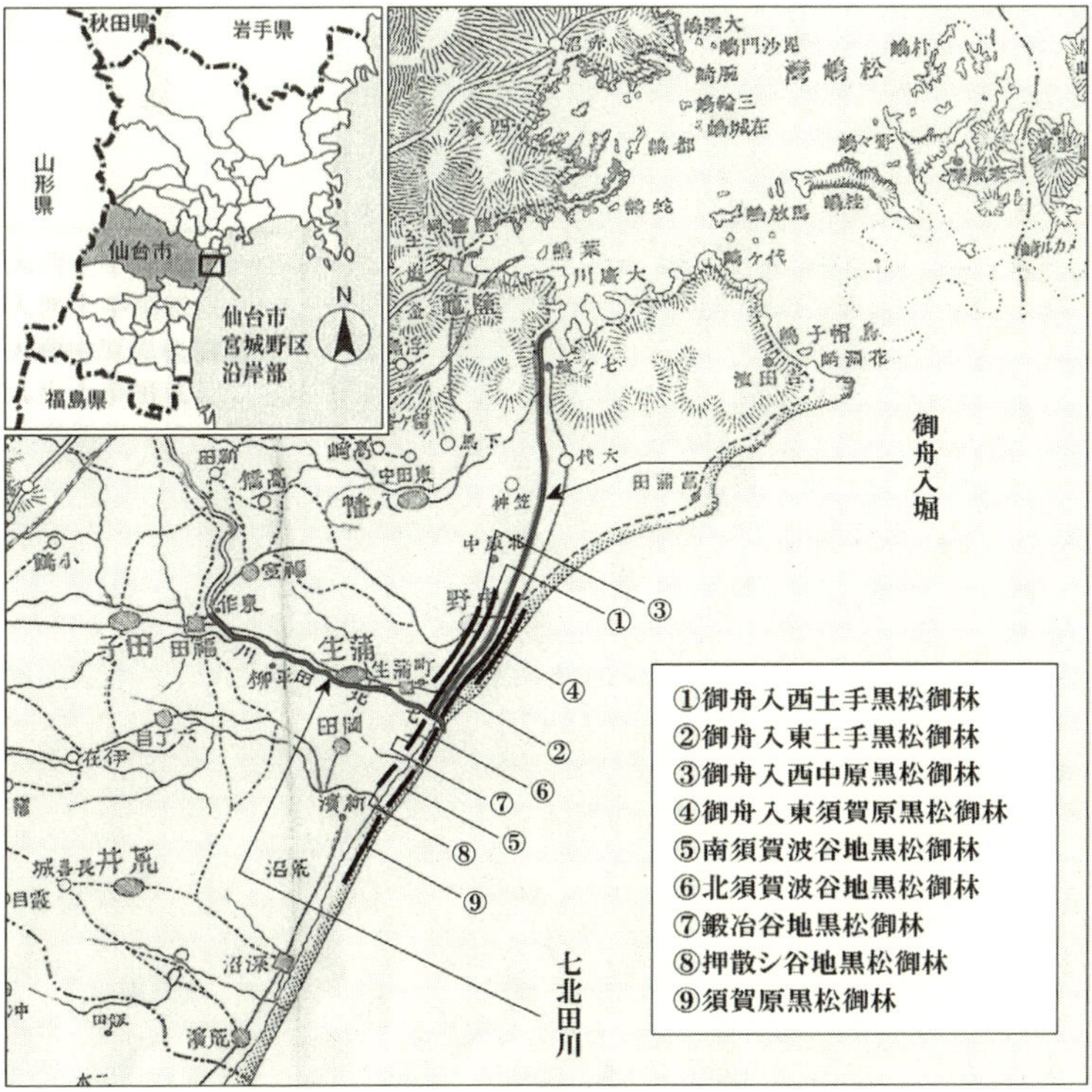

図Ⅲ－３－２　宮城郡のクロマツ林造成位置

の並列かつ連続した植林が実施されているので、その様相をみておこう(図Ⅲ－３－２参照)。七北田川西岸の中野村と蒲生村北部に、①「御舟入西土手黒松御林」②「御舟入東土手黒松御林」という名称で植え立てられたクロマツ林がある。これらは、塩竈湊の湾口から七北田川河口の蒲生口までの水路として掘削された舟入堀の竣工後、堀の両岸に植栽されたもので、掘削土で築いた盛土の土手上に西側は約九メートル、東側は約一四・四メートルの幅で植え立てられたものである。植林から三〇年近くが過ぎた元禄一〇年には、幹回り約六六センチ以下の成木となっている。

舟入堀の流路のうち、中野村と蒲

生村の村域にあたる部分は海浜の砂地であった。このため堀の護岸の方法として、砂地の盛土に深く根を張るクロマツが植林されたのである。さらにこのクロマツ林は、七北田川河口の蒲生口にひらかれた町場と、その西側に開発された田畑を飛砂や風害、高潮などの潮害から守るための防災施設ともなった。舟入堀の開削により堀の西側には藩の米蔵や塩蔵などが建ち並び、荷揚げに関わる仕事が生まれて町場が成立した。その西側には農民や藩士・陪臣の集落と田畑があり、新田開発が進んでいた。したがって①「御舟入西土手黒松御林」と②「御舟入東土手黒松御林」は、舟入堀の護岸と併せて後背の蒲生村町場や田地、集落の潮害防備を植林の当初から見込まれていたものと考えられる。

その後、御舟入土手黒松林の潮害防備役割を補強するように、土手の西側に③「御舟入西中原黒松御林」、東側には④「御舟入東須賀原黒松御林」の植林が進んだ。このうち御舟入東須賀原黒松御林は、舟入堀の土手下から海浜まで、約一六三メートルもの幅をとって植えられている。

一方、七北田川東岸の蒲生村南部、および岡田村端郷新浜には、延宝年間にクロマツ林が二重に造成された。蒲生村分は⑤「南須賀波谷地黒松御林」⑥「北須賀波谷地黒松御林」⑦「鍛冶谷地黒松御林」⑧「押散シ谷地黒松御林」、新浜分は⑨「須賀原黒松御林」と呼ばれている。このうち、蒲生村の⑤「南須賀波谷地黒松御林」⑥「北須賀波谷地黒松御林」、および新浜の⑨「須賀原黒松御林」は、海浜に約三六メートルの幅をとり、連続して植え立てられている。この一帯は当初から村域を超える防災林の造成がめざされたのである。

なお、宮城郡のクロマツ林はいずれも藩が苗木を植えた後、根付くまでに枯れてしまったため、村が苗木を購入して植え継ぐことで成林となった。マツ苗を潮風と太陽の灼熱を浴びる海岸の砂地に根付かせることは、二一世紀の震災後の現場にあっても、容易な作業ではない。四世紀前の地元農民は、クロマツ林の育成をこの地に生きる者の役割であると覚悟を決めて、費用と労力を費やし、試行錯誤を繰り返した末に、成林に至らせたのである。

3　植林の主体

仙台藩領ではこうして一八世紀初頭までに、藩の植林奨励策のもと、牡鹿郡から南の相馬藩境に至る海浜に、防潮・防風のためのクロマツ林の造成が進んだ。植林の主体をみると、藩が専任の役人を派遣し人足を動員して植え立てた、御林の文字通りの藩有林のほか、当該地を知行する藩士による植林があり、さらに地元の村や有力農民が自力で植え立てたものもある。この時期、領内の海辺は砂州が拡張し、クロマツ林の実生から育ったマツが繁茂してマツ林の面積が拡大していたが、藩は宝永四年（一七〇七）春、山林方を派遣して見分をおこない、拝領地に含まれないマツ林については、境塚を立て、藩の山林方で御林帳に登録することを定めた。本来の植え場から地続きとなったマツ林が藩士の自分林《じぶんばやし》とされたり、百姓《ひゃくしょう》地《じ》続山《つづきやま》とされたことで、境界をめぐる混乱や争論が生じていたことを理由としている（「山林方定書」小原伸編著『伊達家仙台藩の林政』）。なお、地元で植え立てた林については、農民に災難があったり、居宅を建てる願い出があれば、吟味のうえで用材とすることを認め、日ごろ落葉や枯れ枝を拾う自由は保証するものとしている。海岸のマツ林はこうして植林の主体を問わず、すべて藩有林に編入されたのであるが、その後植林した藩士や村に預けられたり、下賜される措置が採られたところもある。

安永三年（一七七四）には、野火《のび》を規制する対象として、嶽山《だけやま》・在々《ざいざい》御林《おはやし》・里山《さとやま》と並んで、海浜のマツ林である「浜方《はまかた》次《じ》賀《が》松《まつ》」が挙げられている（農林省編『日本林制史資料 仙台藩』）。海岸のマツ林は当時、この名で総称される林の種別のひとつとなっていたのである。なお、次賀松というのは須賀松《すかまつ》が訛ったもので、砂州の場所を指していう「州処（すか）」という呼び方が、須賀と表記されるようになり、須賀の地に植えられたマツは須賀松と呼ばれたのである。

安永年間（一七七二～八一）に村から藩に提出された「風土記御用書出」には、御林の項目に海岸林とみられるマツ林の記載があり、村ごとの所在や名称が知られる。これを抽出し郡ごとに整理したのが〔表Ⅲ－3－1〕である。「浜辺松」「須賀松」を冠したもののほか、マツの表記と地名の組み合わせの中にも海岸林と推測されるものがあり、一部に未確定のものもあるが一覧に含めた。「風土記御用書出」は未発見の村があり、とくに宮城郡の南に隣接する名取郡は郡ごと欠いているが、前節で述べたように、名取郡はいち早く海浜部にマツ林の植林が開始された地域であり、「元禄国絵図」に明細な松林の描写がある。この点を頭に入れながら表の全体を見渡すと、牡鹿郡以南の仙台湾岸の村々には、ほぼ連続してマツ林の造成が進み、藩有林とされていたことが知られる。このうち牡鹿郡門脇《かどのわき》村の「松御林」は、村に築かれた「浜須賀浪除土手大道」に約四七〇〇メートルの長さで、河東田十郎左衛門をはじめ、この地に知行地をもつ五人の藩士が植え立てたもので、享保一七年（一七三二）に藩有林とされた後、同年五月に再び二一か所に分割され、五人の「御預御林」となっている。浜須賀浪除土手というのは、海浜の砂地に波除けのために築かれた土堤のことである。土堤の上には大道が通されたが、門脇村ではこの大道に沿うように、クロマツ林が造成されたのである。ちなみに、現在の防波堤や防潮堤の原型といえる波除けや潮除けのための土堤は、一八世紀後半までに領内の海浜の各所に築かれている。海浜のクロマツ林は前述した中野村・蒲生村の御舟入土手黒松御林を含めて、土堤上に植えられてその機能を強化したものもあれば、土堤に接続するように植栽されたところもある。海岸に設ける防災施設として土堤とクロマツ林を組み合わせる

表Ⅲ－3－1 「風土記御用書出」にみえる海岸林

郡名	村名（現在）	名称	規模
牡鹿郡	根岸村端郷渡波町(石巻市)	田畑潮霧除御預御林長浜松御林	南北 42 間・東西 11 町
	門脇村（石巻市）	赤坂松御林 姥ケ澤松御林 細見崎松御林 松御林（21 ケ所）	南北 12 間・東西 42 間 南北 12 間・東西 40 間 南北 1 町 40 間・東西 38 間
桃生郡	浜市村（東松島市）	浜辺松御植立御林 浜辺松新御植立御林 岡谷地浜松御林 須賀松植立御林 南須賀松植立御林 北須賀松植立御林 壱本柏木松植立御林 西除松植立御林 佐野須賀松植立御林（4 ケ所） 古湊須賀松植立御林 樋場須賀松植立御林	南北 38 間・東西 300 間 南北 25 間・東西 25 間 南北 18 間・東西 4 町 南北 34 間・東西 19 間 南北 1 町 23 間・東西 58 間 南北 5 町 41 間・東西 2 町半 南北 14 間・東西 2 町 南北 41 間・東西 11 間 南北 3 町半・東西 3 町 南北 2 町・東西 3 町 南北 1 町 40 間・東西 18 間 南北 5 間・東西 1 町 25 間 南北 2 町 18 間・東西 2 町 18 間 南北 2 町 18 間・東西 2 町 18 間
	野蒜村（東松島市）	前浜須賀松植立御林 八艘かうし須賀松植立御林 鷺巣須賀松植立御林 余下須賀松植立御林	南北 1 町・東西 1 町 58 間 南北 50 間・東西 1 町 58 間 南北 30 間・東西 1 町 10 間 南北 1 町 10 間・東西 3 町 30 間
宮城郡	桂嶋（塩竈市）	須賀松御林	竪 2 町 40 間・横 20 間
	寒風沢浜（塩竈市）	築道半金御売分林 花入半金御売分林 大貝半金御売分林 大貝續半金御売分林	竪 40 間・横 20 間 竪 1 町・横 15 間 竪 5 町・横 2 町半 竪 50 間・横 25 間
	石浜（塩竈市）	平森松御林 おちゃら山松御林 黒森松御林 石浜崎松御林	竪 1 町・横 30 間 竪 30 間・横 30 間 竪 1 町・横 1 町 竪 1 町 26 間・横 32 間
	塩竈村（塩竈市）	藤倉松御林	竪 9 町 60 間・横 3 町 40 間
	代ケ崎浜（七ケ浜町）	向田松御林	竪 70 間・横 4 間
	中野村（仙台市）	須賀松御舟入両土手御林 須賀松御売分御林	竪 28 町・横 8 間 竪 28 町・横 1 町 30 間
	蒲生村（仙台市）	須賀松御林	
	岡田村端郷新浜（仙台市）	須賀松御林	竪 10 町・横 3 町
亘理郡	高須賀村端郷箱根田浜（亘理町）	団子淵須賀松御林 大湊須賀松御林 鳥海松原 団子沼松原	南北 1 町 14 間・東西 30 間 南北 5 町 12 間・東西 1 町 6 間
宇多郡	大戸浜（福島県相馬郡新地町）	中磯須賀松御林 南中磯須賀松御林	南北 5 町 12 間・東西 16 間 南北 1 町 46 間・東西 16 間

宮城県史編纂委員会編『宮城県史 24 資料編 2』（宮城県史刊行会、1954 年）、同編『宮城県史 26 資料編 4』（宮城県史刊行会、1958 年）、同編『宮城県史 28 資料編 6』（宮城県史刊行会、1961 年）、同編『宮城県史 32 資料編 9』（宮城県史刊行会、1970 年）より作成。

方法がひろく知られていたことになろう。

なお、〔表Ⅲ－３－１〕の記載にはないが、東日本大震災後、岩手県陸前高田市の被災松原として知られることになった高田松原も、仙台藩領の時代に植林されたもので、「立神御林」と呼ばれていた。気仙郡高田村の立神浜に、寛文七年（一六六七）から村の豪商菅野杢之助《かんのもくのすけ》が私財を投じて一万八〇〇〇本のマツ苗を植えたことに始まるが、当時の郡奉行山崎平太左衛門が植林を命じたことが伝えられている。

４　村の暮らしとクロマツ林

海浜のクロマツ林は後背地の防潮・防風を役割とされる一方、藩の用木とされたり、枝木が地元の農民に下付されることもあった。枝木の下付は伐採したマツの植え継ぎに出精する代償として慣例化していたもので、つまりクロマツ林は用木として使われながら、地元の農民により植え継がれる更新システムにより、防潮林としての機能が維持されていたのである。伐採に際しては御印判すなわち藩主の許可を得る手続きは不要とされ、郡奉行が承諾することで済んでいたが、藩は元禄八年（一六九五）六月、すべての御林について、御印判を必要とする管理強化の方針を打ち出した。そこで郡奉行の石田作蔵は、海岸マツ林の継承に支障が出ることを上申し、従来の慣習の踏襲を認めさせている（菊池慶子「失われた黒松林の歴史復元」）。日頃地元の村では、マツ林の防災林としての機能を維持するために、下草を刈ったり、枯れ枝や落葉を払うなどの手入れをおこない、これを燃料や肥料として使う用益権を認められることになった。暮らしを支える山林を欠いた海辺の村にとって、海浜のクロマツ林は、いわば里山としての性格を併せ持つ存在であったといえるのである。

一方、災害が相次いだ藩政中期以降、海岸のクロマツ林は村人の暮らしをつなぐうえでも重要度を増していた。宮城郡岡田村端郷新浜では、明和八年（一七七一）の干ばつに際し、村の須賀松御林を伐採して救済の手当てとすることを認められた。その後も浜は天明飢饉で疲弊し、食糧が皆無同然となる飢渇の状況に陥ったため、寛政元年（一七八九）、明和八年の伐採分の残りの二五四七本を救済のため頂戴したいと藩に願い出て、これを認められている。凶作や水害にさいして、藩有林は村に安価に払い下げられたり、薪炭の手当てとして無償で与えられることがあり、いわゆる御救山《おすくいやま》としての機能を果たすものとなったが、海浜のマツ林も同様の機能をもつことになったのである。村全体でマツ林を維持してきた経緯からすれば、伐採した代金は平等に分配され、その後の植え継ぎも村の責任でおこなわれたものと推測される。

さらに海岸のマツ林は飢饉にさいして、渇命凌ぎの救荒食を採取する場ともなっていた。飢饉時はどこの山野でも、蕨根《わらびね》やところ根、くずの根などが掘り尽くされていたが、マツ林では松皮餅の原料となる木の皮が採取されていた。剥《む》いたマツ皮を粉状に細かく砕き、米や大豆の粉と混ぜて松皮餅をつくる製法が、宝暦飢饉時には領内の村に周知され、ひろく食用とされるようになったからである。天保四年（一八三三）に続き、同七年から九年の凶作で甚大な餓死者が出たさい、藩の勘定奉行であった佐藤助右衛門は、大量の松皮餅を製造して貧民救済の手段としていたことが知られている（菊池勇夫「救荒食と山野利用」）。佐藤は原料となるマツ皮を宮城郡高城周辺の諸村、および桃生郡《ものおぐん》深谷村と牡鹿郡の島浜の全村、本吉郡の諸村から一貫目代八〇文ほどで買い集めていたが、これにより、桃生郡浜市村から大曲村にかけての海岸のマツ林は、大半の木の皮が剥かれる事態となった。藩は松皮餅の製造を奨励していた手前、藩有林のマツ林で勝手次第に皮を剥きとる行為を許さざるを得なかったのである。宮城郡では、奥州街道岩沼宿の街道添いのマツ並木まで皮を剥かれていたことからすると、郡内の海岸のマツ林も臨時的に開放され、赤裸にされたり伐採された木が少なくなかったことが推測される。

天保飢饉による海岸のマツ林の荒廃を目の当たりにした藩は、嘉永年間（一八四八〜五四）防潮林としての平時の役割を担えないことに強い危機感を抱き、さらに海防の「兵法深策」にも関わるものであるとして、禁伐を徹底し、緊密な造林をめざすよう、植林の指導を示達した（「山林方緊要抜粋 下の冊」遠藤安太郎編『日本山林史 保護林篇 資料』）。天保飢饉から一〇年以上も復旧の手立てが示されず放置された海岸のマツ林は、こうして幕末にかけて、藩と領民の手により、再生が始まった。

仙台藩政のもとで推し進められた防潮林の造成は、近代以降、国家政策、県営事業の一環として規模を拡大して継続され、その結果、宮城県の沿岸部には、東日本大震災の前まで、およそ四〇〇年の歳月をかけて、クロマツを中心とする二〇〇〇ヘクタールに及ぶ防潮林が整備されてきた。これらの植林を実際に請け負い、防潮林の維持・管理を担ってきたのは、藩政時代と同様に、地元に暮らした人々である。一九三〇年代から県営で実施された植林については、一九五〇年代半ばの事業完了後、地区ごとに建立された「愛林碑」と呼ばれる記念碑に、苦難の末に成し遂げられた偉業の詳細が刻まれている。仙台市・名取市・岩沼市の沿岸部には、いくつもの愛林碑が、東日本大震災と津波に耐えて残った。再びこの地に豊かな防潮林が甦るのを愛林碑が見守り続ける。

トピック

海岸林の山守

藩有林である御林の管理を担う山守《やまもり》は、山林方《さんりんかた》の指揮を受け、林を巡回して樹木の保護や不正利用の取り締りにあたることを任務とされた。地元の村人から選ばれる職務であったが、元禄一〇年（一六九七）作成の「宮城郡中山林御改牒」には、「御山守《おんやまもり》御村中《おんむらじゅう》相守《あいまもる》」という肩書とともに、肝入の名前が記されている。すなわち、村人すべてが山守として位置づけられたのであり、肝入はその責任を負う立場であったことになる。宮城郡中野村では仲右衛門、蒲生村では市兵衛、新浜では七右衛門が肝入として記名されており、それぞれ村人を動員して林の巡回をおこなっていたことが窺われる。

宮城郡の海岸林が当時、肝入を責任者として村中の管理を義務づけられていたのは、マツ苗を根付かせて成林とするまでに村全体で費用と労力を提供する状況が長く続き、マツ林としての成林後も万全にこれを維持するための方策であったと考えられる。ただし、山守はある時期から専任が置かれていたようで、中野村では幕末の慶応三年（一八六七）二月、新屋敷に住む新三郎（八八歳）が、同家の水呑百姓松蔵（五一歳）とともに、「松御林守」を務めている（「宮城郡中野村南方人数御改帳」仙台市歴史民俗資料館編『足元からみる民俗(21)』）。

【参考文献】

阿刀田令造『天明天保に於ける仙台の飢饉記録』（無一文館書店、一九三一年）、遠藤安太郎編『日本山林史 保護林篇資料』（日本山林史研究会、一九三六年）、小原伸編著『伊達家仙台藩の林政』（宮城県林務部、一九五四年）、農林省編『日本林制史資料 仙台藩』（臨川書店、一九七一年）、蛯名祐一「慶長大津波と震災復興」（『季刊東北学』二九、東北芸術工科大学東北文化研究センター、二〇一一年）、菊池慶子「仙台藩領における黒松海岸林の成立」（『東北学院大学経済学論集』一七七、二〇一一年）、菊池勇夫「救荒食と山野利用」（菊池勇夫ほか編『講座東北の歴史 第四巻』清文堂出版、二〇一二年）、菊池慶子「失われた黒松林の歴史復元」（岩本由輝編『歴史としての東日本大震災』刀水書房、二〇一三年）、仙台市歴史民俗資料館編『足元からみる民俗（二一）』（調査報告書第三一集、仙台市教育委員会、二〇一三年）、阿部俊雄「岩沼市玉浦の防潮林と愛林碑について」（『仙台郷土研究』二八九、二〇一四年）、公益財団法人オイスカ「海岸林再生プロジェクト」ホームページ（http://www.oisca.org/kaiganrin/）

（菊池慶子）

Ⅳ 暮らしの危機と森林

和歌山県有田郡広村（広川町）の堤防とマツ

大正期の様子。杉村廣太郎編『濱口梧陵伝』（濱口梧陵銅像建設委員会、1920年）より引用。

一　都市江戸の火災と植溜・御庭

1　防火林とは

山火事などのイメージから樹木は燃えやすいと思われがちだが、枝葉には多くの水分を含んでいて、生の枝葉を燃やそうとしても燃えにくい。この性質を利用して防火のために造成された樹林を防火林といい、防火の保護対象物に応じて大きく二種に区別できる。一つ目は、寺社や住居など建造物に対する防火林で、江戸時代には「火事除木」「火防垣」「火防の木」などと称されていた。二つ目は、樹林などに対する防火林で、江戸時代には「鞘《さや》山《やま》」「野火除立木」「火除ケ林」などと称されていた。

建物などの防火林は、上古以来、建物が増加して、その火災焼失が度重なるなか、樹木の防火機能に気づいた人々が人工的に設けるようになった。その樹種としては、マツ・イチョウ・サンゴジュなど耐火性の強いものが選ばれた。例えば、慶長一二年（一六〇七）に甲斐国金櫻神社（山梨県甲府市御岳町）では火災があり、順礼堂・仁王門などを焼失したため、以後、火防のため鐘楼《しょうろう》の周囲に並木を植え立てたといい、元禄一六年（一七〇三）一一月の江戸の大火では、本所尾上町《ほんじょおのえちょう》（東京都墨田区両国）の人家のみ火難を免れたのは、両国橋東詰の御石置場《おいしおきば》内にある稲荷神社の御神木柳が火除けとなったためという。

樹林などの防火林は、はじめは可燃性の高い樹種を伐り取り、耐火性の強い樹種を伐り残すことで防火林としていたものが、いつしか人工的に耐火性の強い樹種を林立させ、防火林を設置するようになったという。古い記録では天平一七年（七四五）頃には造成されていたといい、また江戸時代になると、尾張藩木曽山の鞘山をはじめ諸藩の直轄林で山火事の類焼を防ぐための防火林が設けられていったという。

これら防火林に利用する樹種としての適・不適は、樹種の防火力と関係している。大体において、①常緑樹や葉の広い樹種は含水量の関係から防火力が高く、②樹脂を多く含む樹種（マツ・スギなど）、ササ類、シュロ類などは着火しやすいと類別でき、防火林に適する樹種は雑多である。

こうした防火林の効用と、そこで植栽される樹種の多様さを利用して、現在では都市部に大火の時の避難地として多くの緑地公園、森林公園が設けられている。こうした都市内樹林地は、普段は近隣住民が植物とふれあう憩いの場として、災害時には避難場所として機能しているのである。

2　明暦の大火と防災都市計画

さて、防災のための都市内樹林地の造成は、江戸時代以前において日本各地で見受けられた。なかでも、明暦の大火後に実施された幕府による町づくりは、江戸東京における防災都市計画の数少ない成功例とまでいわれ、この計画下において多くの都市内樹林地「植溜《うえだめ》」が設けられているのである。

明暦三年（一六五七）正月、江戸は大火に見舞われ、江戸の約六割を焼失した。明暦の大火である。まず一八日に本郷丸山の本妙寺《ほんみょうじ》（文京区本郷）から出火、市中を北から南にかけて焼き払う。翌一九日、小石川新鷹匠《しんたかじょう》

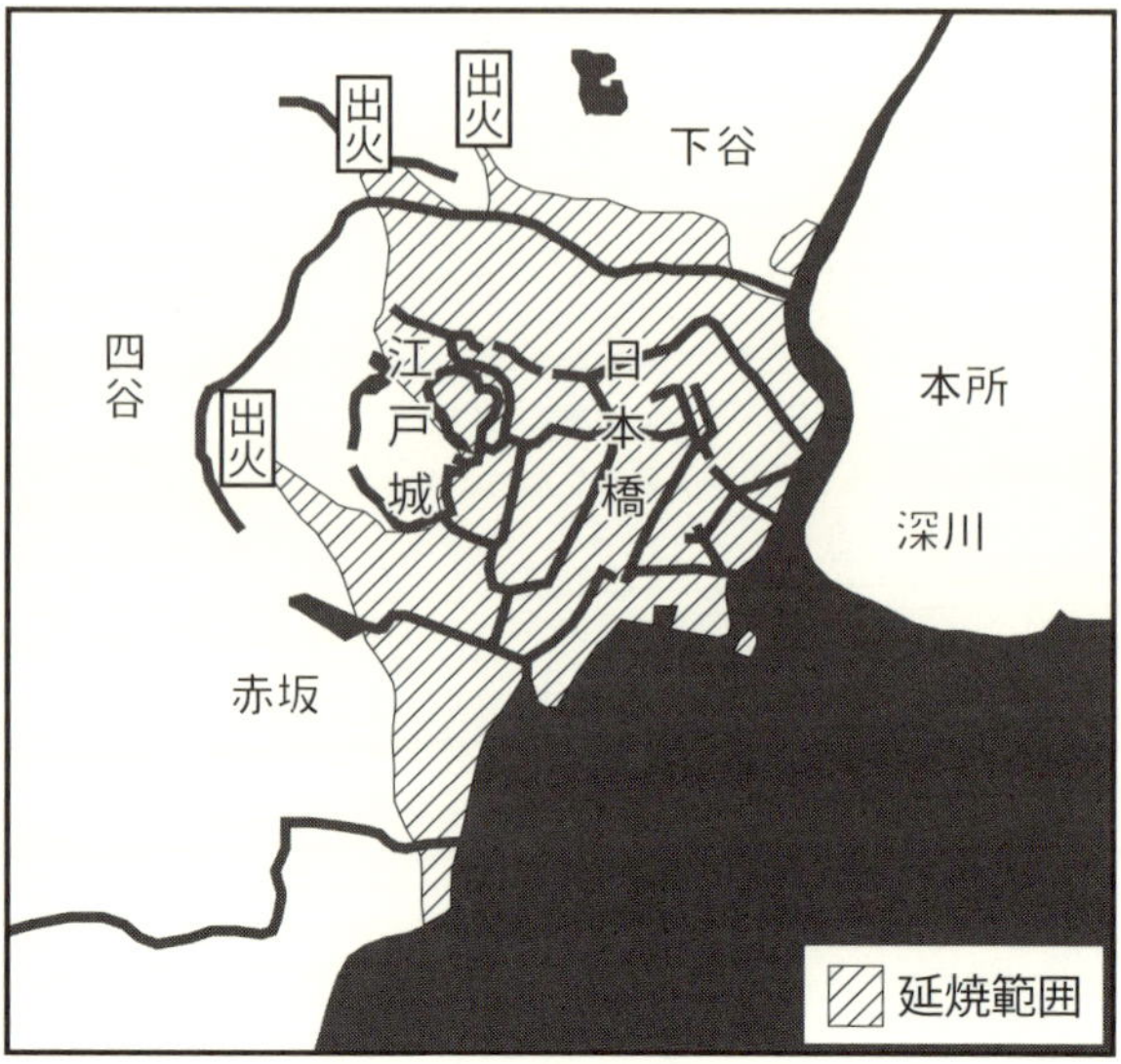

図Ⅳ－1－1　明暦の大火の焼失地域
竹内誠監修・市川寛明編『地図・グラフ・図解でみる 一目でわかる江戸時代』（小学館、2004年）56頁より作成。

町、麹町《こうじまち》五丁目から出火し、ついには江戸城本丸・二の丸の他、天守をも焼失した。この大火によって、多くの武家屋敷・寺社・町屋が灰となり、死者は多いもので一〇万人とも称されている（図Ⅳ－1－1参照）。

この大火後、幕府は大がかりな防災都市計画を開始する。その骨子は、避難や誘導のための道路拡張と両国橋の架橋、橋上や橋のたもと、河岸端での商行為の制限、寺院・町屋・武家屋敷の郊外などへの移動、消防組織（定火消）の充実であった。これによって、江戸の周辺地域には多くの町が成立し、市域は拡大する。とくに、寺社の移転先であった浅草田圃《たんぼ》や町屋・武家地の移転先であった隅田川東岸地域（本所・深川）の開発は目覚ましいものがあったのである。

なかでも都市景観上にも大きな影響を与えたのが、広小路《ひろこうじ》や火除地《ひよけち》といった延焼防止のための広場・空閑地の設置である。中橋《なかばし》（中央区京橋付近）などの広小路は大火直後、最初に設けられた広小路で、他にも筋違門《すじかいもん》そばや田安門《たやすもん》内外といった江戸城諸門内外への火除地の設置をはじめ、江戸市中各所に大小様々な火除けのための空閑地が設けられていった。また、火除堤といった防火帯も設置され、中でも神田白銀町《かんだしろがねちょう》(千代田区内神田の北部付近)から柳原《やなぎわら》(神田川南岸)にかけて約一一〇〇メートル、日本橋から江戸橋までの日本橋川沿いに約二七〇メートルの火除堤が高さ七・二メートルの土手として設けられた。

3　火除地と植溜

これら広小路や火除地によって、江戸は防災を重視した都市に変貌したといわれるが、広小路や火除地を単なる空閑地にしておくと、ともすると屋敷地や町屋へと戻ってしまうという問題点があった。場合によっては両国橋広小路や江戸橋広小路のように、仮設とはいえ芝居小屋などが乱立する盛り場へと変貌してしまう場合もあった。

例えば、明暦年間(一六五五～五八)に呉服橋御門界隈に成立した広小路は、大火前には幕府医師半井驢庵《なからいろあん》の拝領屋敷地や入堀であったが、広小路が設置されてから遠からず、元禄年間(一六八八～一七〇四)には幕府医師太田道寿や幕府呉服所三島祐徳の拝領屋敷となり、残りは町人地となる。また、元禄年間に数寄屋橋《すきやばし》御門界隈に成立した火除地は、慶長年間(一五九六～一六一五)には織田有楽斎《うらくさい》の屋敷地もしくは御数寄屋坊主の組屋敷であったというが、後に有楽ヶ原《うらくがはら》と呼ばれる明地となり追々町人地となった。その後、元禄年間に火除地となるが、宝永年間(一七〇四～一一)には再び町人地に復している。

これは江戸の都市人口の過密化にともない、防災以上に経済的事情が重視された結果であろうが、とにかく、江戸の各所で広小路や火除地が、本来の目的を逸脱して屋敷地や町人地、盛り場へと変容してしまう様子が見受

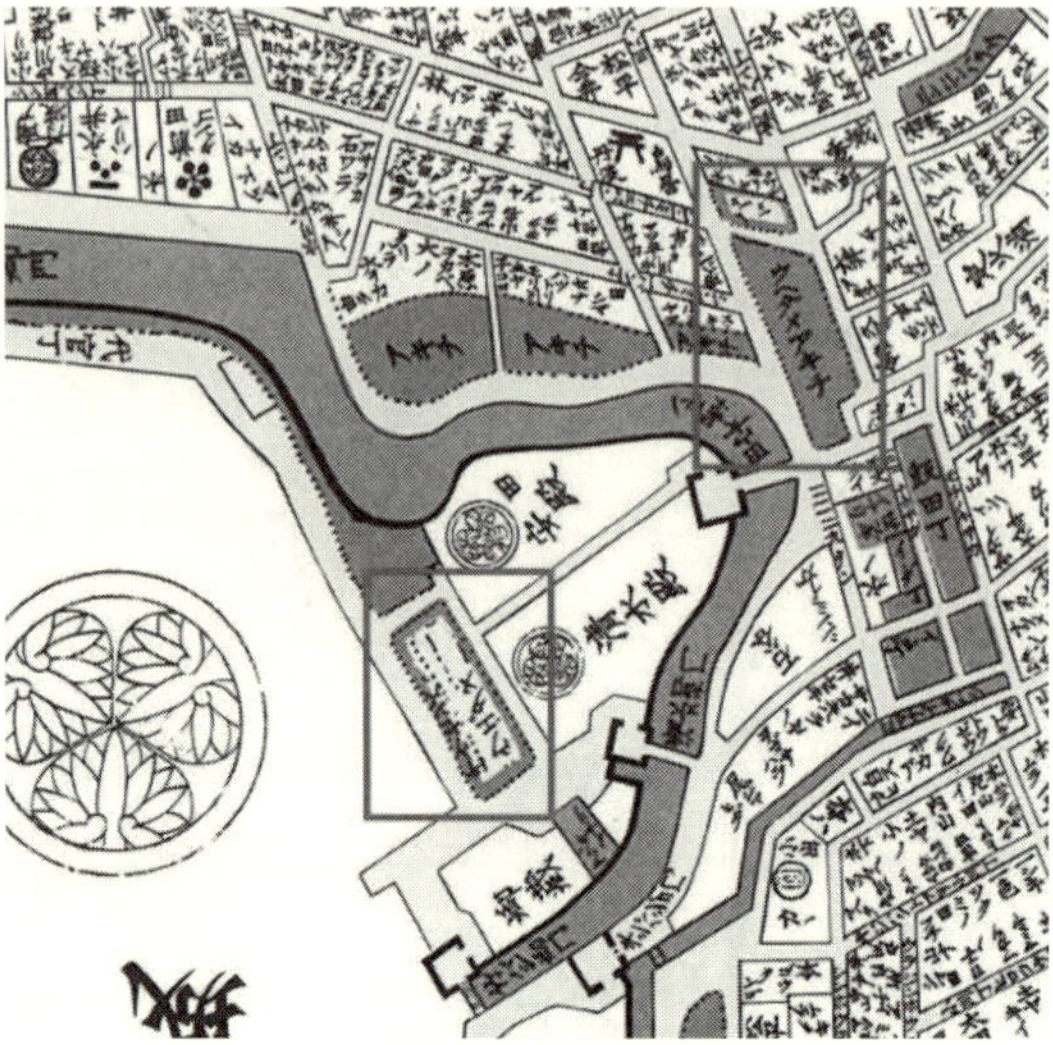

図Ⅳ－１－２　田安御門内外の植溜（天保１４年）
『嘉永・慶応 江戸切絵図（尾張屋清七板）』（人文社、1995年）５頁をもとに作成。

けられた。

　こうした事態を招来しないためにも、火除地を空閑地とはせず、防火の目的を損なわない形で有効利用する方法、「植溜」としての利用が模索される。植溜とは、樹木を育成するためにまとめて植えておく栽培場であるが、火除地を植溜とすることは、そのまま防火林としての都市内樹林地を設ける意味合いがあった。

　例えば田安門外（千代田区九段北）一帯は、時期よって位置や大きさを変えながら、元禄年間以降、おおむね植溜明地と称される都市内樹林地が設けられていた。植溜のある明地とは言いながら、馬場や御薬草植場などとしても利用されていた。ひそかにゴミを捨てに来る者が絶えなかったらしく、門番は見つけ次第捕らえるようにと命じられていた。また、田安門内（千代田区北の丸公園付近）は、寛文年間（一六六一～七三）に火除地となり植溜原と呼ばれる。享保一六年（一七三一）に御三卿《ごさんきょう》田安家の屋敷、宝暦八年（一七五八）に御三卿清水家屋敷ができ、その規模を縮小するが、馬場や・弓場・鉄炮場として利用されつつ存続していく（図Ⅳ－１－２参照）。

　このように、植溜の多くは、防火林としての役割が期待され、また非常時には避難場としての機能も期待されていたが、平時においては、馬場や弓・鉄炮などの演習場として多く利用されていた。しかし、樹木を育成するための栽培場といった本来の利用もなされていた。例えば享保八年（一七二三）に赤坂・麻布《あざぶ》・三田《みた》・赤羽橋近辺（港区）の武家地と町屋が幕府に上知《あげち》され、都合一〇か所・三万八〇四七坪の火除明地が設けられた際、直ちに植溜御用地として植木奉行《うえきぶぎょう》持ちとなるか、植溜拝借地として植木屋小右衛門に預けられている。植木奉行は作事奉行配下、一〇〇俵五人扶持の幕府役人で、幕府の植木全般を総括し、植木に関わる事務や調整にあたった役職である。植木屋小右衛門は、幕府の植木御用を務めた江戸でも著名な植木屋である。管理者の役割からしても、これら植溜御用地・植溜拝借地は、植木の栽培場として利用されたと考えられる。

4　江戸城の吹上御庭

ところで、こうした火除地があまりにも広大な場合、空閑地や植溜としてではなく、別段の利用が模索された。江戸城の吹上御庭《ふきあげおにわ》、約一三万坪余がそれである。江戸時代前期の吹上は、北の丸の代官町と地続きで、幕府の施設や御三家をはじめとする武家屋敷があった。明暦の大火後、江戸城への類焼を食い止める広大な火除地とするため、御三家の屋敷が移転し、さらに元禄一〇年（一六九七）の大火後には、吹上のすべての屋敷が移転となった。その跡地のほとんどが「明地」「御花畑」「植溜」となっている。その後、宝永五年（一七〇八）から七年かけて、本格的な整備がはじめられる。代官町の一部を取り込んで拡張され、吹上御庭として造成、残された代官町は火除明地となる。御庭には中心に広い芝生地と池が配され、各所に花壇や梅林、馬場や鉄砲場、茶屋、泉水や山などが設けられた（図Ⅳ－1－3参照）。また、吹上奉行（旗本役、二〇〇俵高、役扶持七人扶持・役金一〇両）をはじ

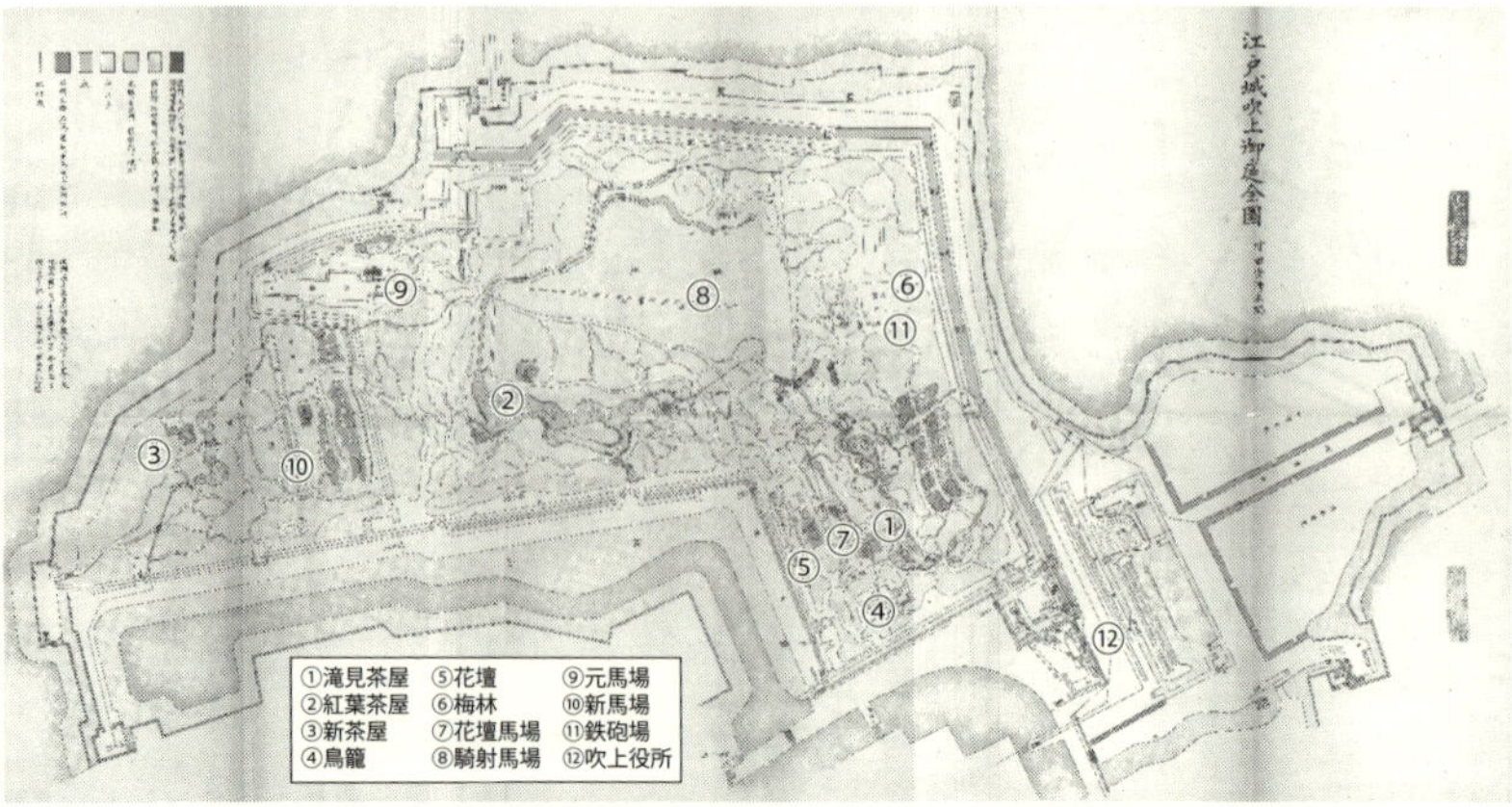

図Ⅳ－1－3　吹上御庭の図
小野清『徳川制度史料』（私家版、1927年）の附図より作成。

め、添奉行・筆頭役・筆頭役並・役人目付以下、様々な役職が関わっていた。

こうして火除地、防火帯としての役割より、将軍家の御庭、遊興の場としての役割が色濃くなった吹上ではあるが、火災の際には本来の目的で利用されている。例えば文久三年（一八六三）一一月の本丸炎上の際には、天璋院《てんしょういん》（一三代将軍家定の御台所《みだいどころ》篤姫《あつひめ》）は吹上御庭の諏訪御茶屋に避難し、静寛院《せいかんいんの》宮《みや》（一四代将軍家茂《いえもち》の御台所 和宮《かずのみや》）もまた吹上の滝見御茶屋に避難している。このように、江戸城火災の際には吹上御庭が避難場所の一つとなっているなど、防火・防災のための都市内樹林地として、一定度の役割は果たしていたようである。

なお、同所は現在、皇居・吹上御苑《ぎょえん》として、都心に貴重な緑地環境を提供している。

トピック　吹上御庭の天文台

本来的には防火のための「火除地」「植溜」として成立し、後には将軍の遊興の場として庭園に造成された吹上御庭であるが、意外な施設が設けられていた。天文台である。そこには、台上に設置された渾天儀《こんてんぎ》や表など、天体観測のための機器類が設置されていた。渾天儀とは、天体の位置を観測するために用いられた器械で天球をかたどった丸い機器に観測のための筒や黄道・赤道を示す輪環などが付属する。表とは緯度観測のための器具で、水平な地面に垂直に棒を立てたような形状をしている。

いずれにしても、本格的な設備であったようであるが、では、設置者は誰かといえば、八代将軍徳川吉宗《よしむね》と考えられている。吉宗は紀州藩主の頃から天文学・暦学に興味を持ち、将軍になってからは、数学者として著名な旗本建部《たけべ》賢弘《かたひろ》を近侍させている。また、八尺（約二・四メートル）の大渾天儀や望遠鏡を造らせ、日々自ら天体観測にいそしんだという。

この観測の場が吹上で、天文台はこのために吉宗が造設したと考えられている。吉宗は余程、天文観測に執着していたようで、吉宗に近侍する者たちまでも習熟しており、天文方の役人より測量していたという。なお、天文台の存在は、文化年間（一八〇四～一八）以降の吹上図などには見いだせない。よって、その存在は、享保年間（一七一六～三六）から享和年間（一八〇一～〇四）にかけてであったと考えられている。短い期間ではあるが、火除地・植溜・御庭なればこそ、見晴らしのよかった吹上御庭の思いがけない利用の一側面である。

【参考文献】

遠藤安太郎編『日本山林史 保護林編 上』（日本山林史刊行会、一九三四年）、東京市役所編『東京市史稿 市街篇 第二十』（東京市役所、一九三四年）、黒木喬『明暦の大火』（講談社、一九七七年）、只木良也ほか編『ヒトと森林』（共立出版、一九八二年）、只木良也『森林環境科学』（朝倉書店、一九九六年）、深井雅海『図解・江戸城をよむ』（原書房、一九九七年）、『新編 千代田区史 通史編』（東京都千代田区、一九九八年）、田原昇「町の意味づけの変遷―江戸城との関わりから―」（『東京都江戸東京博物館研究報告』一三、東京都江戸東京博物館、二〇〇七年）、公益財団法人徳川記念財団・東京都江戸東京博物館編『企画展 幕末の江戸城大奥』（公益財団法人徳川記念財団、二〇一三年）、松尾美恵子「天文台が描かれた『江戸城吹上御庭図』」（『日本歴史』七九三、二〇一四年）

（田原　昇）

二　江戸時代の飢饉と森林

1　飢饉と救済

江戸時代の社会は、気候不順や自然災害などによって凶作となると、米価が高騰し、食料流通が滞るなどして、度々飢饉《ききん》に見舞われた。一般的には、享保の飢饉・天明の飢饉・天保の飢饉が三大飢饉として有名であるが、飢饉には地域差が濃厚であった。

飢饉になると、百姓たちは領主に対して「御救《おすくい》」を要求した。江戸時代の領主―領民の関係は、領民の百姓たちが年貢・諸役を上納するなどの負担をする一方で、領主は社会的な責務として百姓たちを「御救」して「百姓成立《なりたち》」を保障するという相互依存の構造にあったといわれる。その関係性の上に、百姓たちは「御救」を歎願したのである。「御救」には、種貸しなどの生産へのてこ入れ、年貢引や破免などの負担の軽減、夫食貸《ふじきか》しなどの生活への特別手当があったが、百姓たちからの願いに対して領主たちは吟味しながら「御救」を実施していったのである。

しかし、百姓たちは「御救」だけで飢饉を凌《しの》いでいるわけではなかった。各家では、もちろん飢饉に備えて食料を備蓄していただろうし、飢饉になると施行《せぎょう》などのような民間での相互救済も多くなされた。さらに江戸時代後期になると、備荒貯蓄《びこうちょちく》を制度化して食料を備蓄する村も多くなっていく。こうしたさまざまなかたちで備蓄していた食料を食い尽くすと、百姓たちは森林に入り、自然採集によって食料を求めた。森林を頼りにしたのであった。本章では、飢饉時における森林の利用についてみていきたい。

2　東北諸藩の「御救山」

幕府・諸藩は、さまざまな理由で森林の利用を制限する留山《とめやま》政策をとっていたが、飢饉の際の山間地域では、「御救」政策として「御救山《おすくいやま》」が行われた。「御救山」とは、山の種類についての呼称ではなく、林政における一施策を示すもので、風損・水害・火災などの災害や凶作などによる食料不足などから飢饉となった百姓たち（ときには藩士・町人も）を救済するために、期限付きの場合が多かったが、領主が御山《おやま》（留山）を開放し、林産物を得ることを許したものであった。百姓たちは、それらの林産物を自家用に消費し、あるいは商品化することによって換金して生活の足しにした。「御救山」の指定は、領主の法令によって全領が対象となることもあれば、百姓たちからの「御救」願いによって限定した範囲・方法で許可されることもあった。その呼称も、領主によって異なり、「御救助山」（仙台藩）・「被下山《くだされやま》」（仙台藩）・「御救薪山」（盛岡藩）・「薪明山《あけやま》」（秋田藩）・「薪御免山」（会津藩）などといわれた。また「御救山」とは異なるが、百姓備山《そなえやま》として「一村備山」（秋田藩）・「村囲山《かこいやま》」（会津藩）・「非常備山」（幕領）などを常設しているところもあった。

それでは、東北諸藩、特に弘前《ひろさき》藩・盛岡藩・仙台藩を中心にとりあげて、「御救山」の具体例をみてみよう（図Ⅳ－2－1参照）。

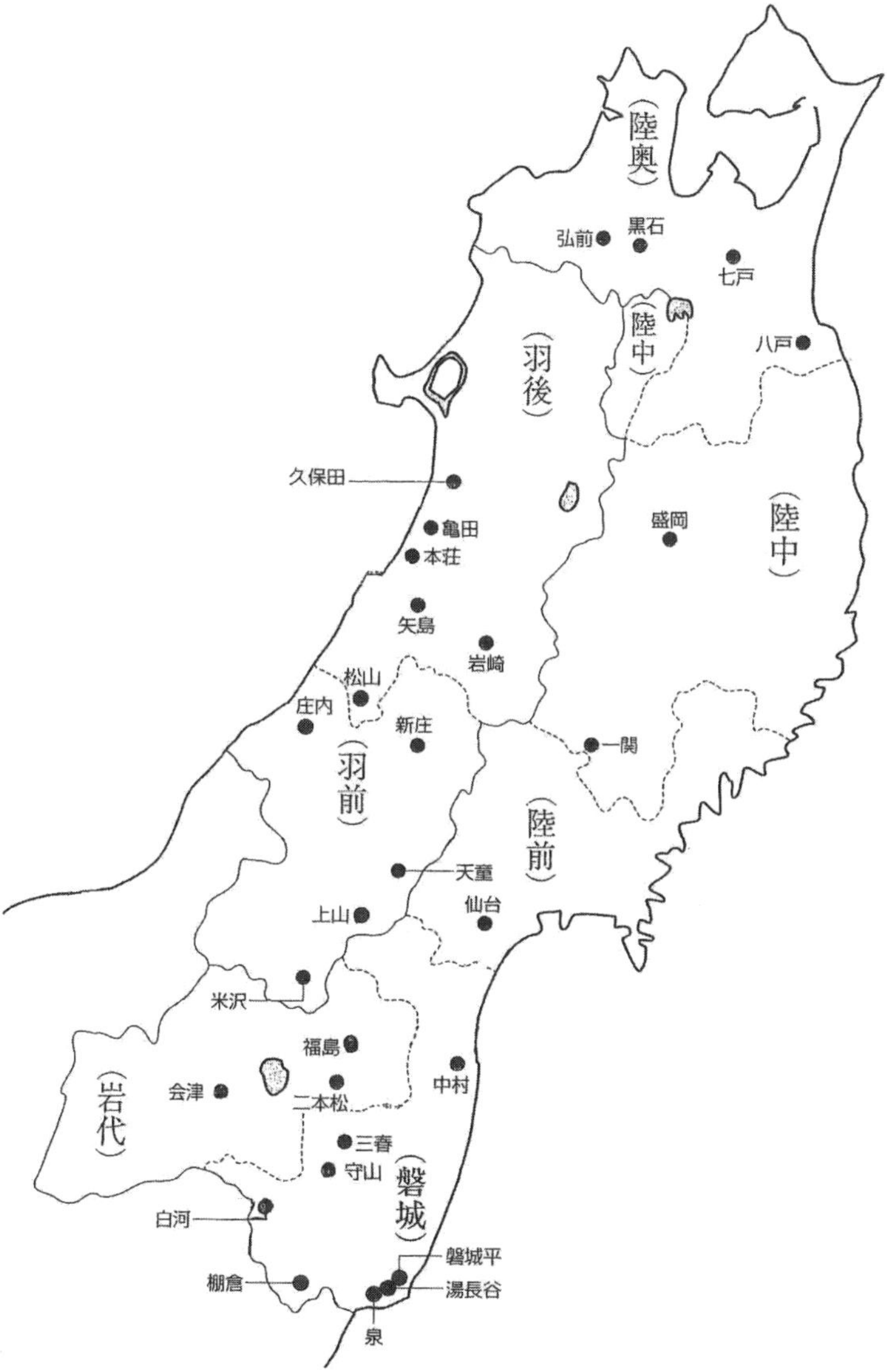

図Ⅳ－2－1　主な東北の諸藩
二木謙一監修・工藤寛正編『藩と城下町の事典』（東京堂出版、2004 年）11 頁の図をもとに一部加工。

弘前藩では、元禄期（一六八八〜一七〇四）・宝永期（一七〇四〜一一）・享保期（一七一六〜三六）などにも「御救山」の記録が確認できるが、ここでは天明の飢饉における「御救山」を具体的にみてみよう。藩は、天明三年（一七八三）八月に地域の救済を目的とした「御救明山」を許可しており、白神山地の全面的な開山の様相が明らかにされている。西之浜通《にしのはまどおり》では、各村領惣山《そうやま》の留山が村民に解放されたが、村によって異なる伐採方法がとられた。これらは、以下のような三種類に整理できる。①中村沢目村（青森県西津軽郡鰺ケ沢町《あじがさわ》）領惣山では、天明五年四月まで山守にスギ・マツ一一〇本の伐採が許可され、その後は仕立見継方《したてみつぎかた》とされた。仕立見継方とは、村や百姓が植林を藩に願い出て、成木した後に木材の利用が許可されるという方法で、願い出た百姓たちは仕立守と呼ばれて救済された。②深浦村（青森県西津軽郡深浦町）領惣山では、天明五年四月まで麓の村々に一丈五寸（三・一五メートル）角以上のヒノキの伐採が許可され、その後は留山とされた。伐採の時期や寸法・本数は、村によって相違があった。③田野沢村（同深浦町）領惣山では、天明五年四月まで角材木にならないヒノキの丸太につき伐採を許可され、その後は留山とされた。全体的には、②の方法がとられた村が多かった。藩は村々の被害状況などを勘案して杣入りの期間などを決定しており、「御救山」が救済機能を果たしていたことがわかる。

一方で、弘前城下に近い「御救山」では問題もあった。和徳組《わっとくぐみ》（青森県弘前市）に設定された「御救山」では、藩士や町人までもが入り込み、なかには馬を使って大勢で伐採する者もあり、本来の救済対象である百姓たちの利用のために、藩が藩士や町人による伐採に歯止めを掛けなければならなかった。さらに天保期（一八三〇〜四四）には、「御救山」として開放された山林において、藩から伐採を許されていなかった木までもが伐採されるという盗伐も問題になった。

盛岡藩では、宝暦の飢饉に対して、宝暦七年（一七五七）に「御救明山」とマツ枝払いなどが許されている。

村の近郊に位置する御山が解放されたようであり、場所によっては二分の一や三分の一などの木数の制限もあったが、百姓は、マツ・クリ・雑木の伐採が許されたのである。天明の飢饉に際しても、天明三年には領内のうち二〇九か山が三年間限定で「御救山」として解放された。五戸通《ごのへどおり》でも一七か山が「御救薪山」に指定されている。例えば、六戸通《ろくのへどおり》米田村《まいた》（青森県十和田市）の栖木山は「御救薪山」とされ、クリ八〇〇本・雑木七〇〇本が村へ払い下げられて伐採され、浅水通《あさみずどおり》扇田村（青森県三戸郡五戸町）の野沢山も「御救薪山」とされ、マツ二〇〇〇本程が五戸町（同五戸町）へ下されて伐採された。これらは、いずれも天明五年のことと考えられている。同じく天明三年九月には、「諸士在町」を救済するために「御救山」として御山のうち「近山」の松山を炊料として利用することを許可し、上田丁・三戸丁（岩手県盛岡市）には川又村（岩手県岩手郡玉山村）の江戸ヶ沢御山（松山）・足ヶ沢御山（松山）というように、各町に対象の山を割り当て（山割）、薪の採集を許した。ところが、指定された「御救山」以外に勝手に入り込む者が現れる。その中には諸士も含まれていた。そこで、御山の取り締まりを強化するとともに、一一月には「御救山」の対象に東根通《ひがしねどおり》鹿渡村《かど》（岩手県盛岡市）の蜂ヶ森御山など、いくつかの雑木山・松山を追加している。これらの「御救山」は全領的範囲に広がり、合計二〇九か山におよんだ。天保期にも「御救山」が実施されたが、その際にも不法入山があった。

仙台藩でも、「御救山」をめぐるいくつかの様相が明らかにされている。享保七年三月には、五串村《いつくし》（岩手県一関市）などの村々から不作のため御林の払い下げが願い上げられた。藩では、御林の伐り尽くしも懸念されたが、ほかに金・穀物で「御救」を供出することができず、飢渇《きかつ》している者への救済は軽視できないため、吟味したうえで飢渇の者に限定して御林の払い下げが許された。金・穀物支給の代替として御林の開放が認められている。また天明四年には、荒巻村（宮城県仙台市）に対して国分中山御林が「御救山」として解放されて伐採が許された。

その後も、村からは払い下げの願いが出されて、伐り残りの分が期限付きの「御払山」として度々下されている。なお、「御救山」とは呼ばれていないが、天明四年閏正月には、高城村（宮城県宮城郡松島町）などの百姓に対して飢饉への「御救」として松島長老坂にある一里塚のスギの伐採が許され、寛政元年（一七八九）一一月には、宮城新浜《しんはま》（宮城県仙台市）の百姓に対して海岸林（御林）のマツ二五四七本が下付されるなど、仙台藩では「御救」を目的とした多様な森林資源の利用が確認できる。その他、八戸《はちのへ》藩・会津藩・相馬中村藩などでも、「御救山」の実施を記録から確認することができる。

このように、「御救山」は百姓たちの危機に対する救済という機能をもつことは明らかであるが、問題もあった。弘前藩では、宝永四年に「御救山」が許されると、伐採の代償として御礼銭や、杣役・沖口役銀などが課せられ、資金的な余裕のない百姓たちは杣取りできなかった。こうした場合、藩は伐採権を商人に売却し、百姓らはその商人のもとで低額な労賃を得るに留まることもあったのである。「御救山」の大規模な伐採には、資金が必要なこともあり、百姓たちの救済に直接つながらないこともあった。

また森林資源の保護という観点からすると、「御救山」の利用後における問題が考えられる。例えば、秋田藩領の出羽国秋田郡七日市《なぬかいち》村（秋田県北秋田市）では、枝郷にある雑木林（館ヶ沢・片平通）が一八世紀前半に「御札山」に指定されていたが、その後は「度々御救山に明け下され、尚天明四辰年明け下され候跡、柴山に御座候」（鷹巣町史編纂委員会編『鷹巣町史　別巻　資料編二』）とあるように、しばしば「御救山」が許され、天明三年の飢饉の翌年に「御救山」を許された以降は柴山となった。このような「御救山」利用後の柴山化は、当該地域で数か所を確認することができ、「御救山」として利用した後の森林のゆくえにも注視する必要があるだろう。

3　命をつなぐ食料と森林

飢饉の際に人々は、山野に入って自然採集によって食料を獲得した。何らかの理由で常食とはなりにくく、非常食として利用されることの多い植物を救荒《きゅうこう》草木という。飢饉の際にはそれらを採取して、さまざまな調理法を駆使して食料にした。江戸時代の主要な救荒草木は、ワラビ（蕨）（図Ⅳ－2－2参照）やトコロ（野老）（図Ⅳ－2－3参照）などであった。

飢饉になると、人々は春にセリやヨモギなどの里草を採り、それらを採り尽くすと山に入り、ワラビ・アザミなどの山糧《かて》を求めた。里から山へと行動していったのである。山には女や童も入り、なかには山に小屋掛けして泊りがけで採集する者まであった。冬の大雪の時には休んだが、積雪が二尺（約六〇センチメートル）以上あっても掘って食料を求めることがあったという。

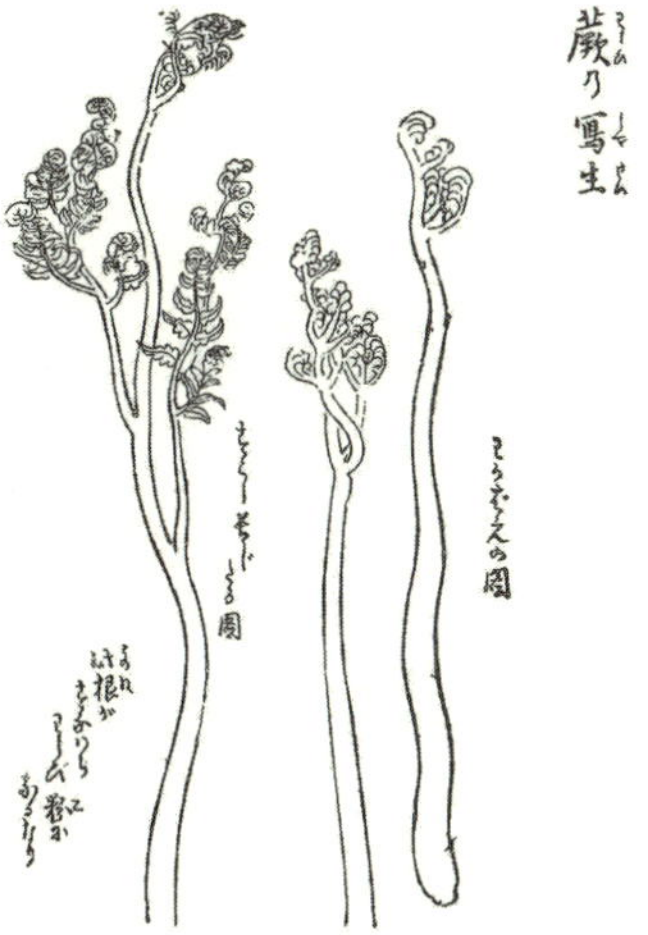

図Ⅳ－2－2　ワラビ
大蔵永常『広益国産考』（岩波書店、1946年）168頁より引用。

採集された草木などは、調理して食された。仙台藩大肝入《おおきもいり》の遠藤志峯が著した『荒歳録』によると、飢饉時における食べ方として「粮飯」「餅団子」「雑粥」「綾粥」という四種類があげられている。「粮飯」は米に他のものを混ぜて炊いたもので、「餅団子」は多くの種類があるが、複数の食材を搗《つ》き合わせて、ゆでたり蒸したりするものであった。「雑粥」はさまざまな食材を入れて雑炊としたもの、「綾粥」（練粥）は粉にし

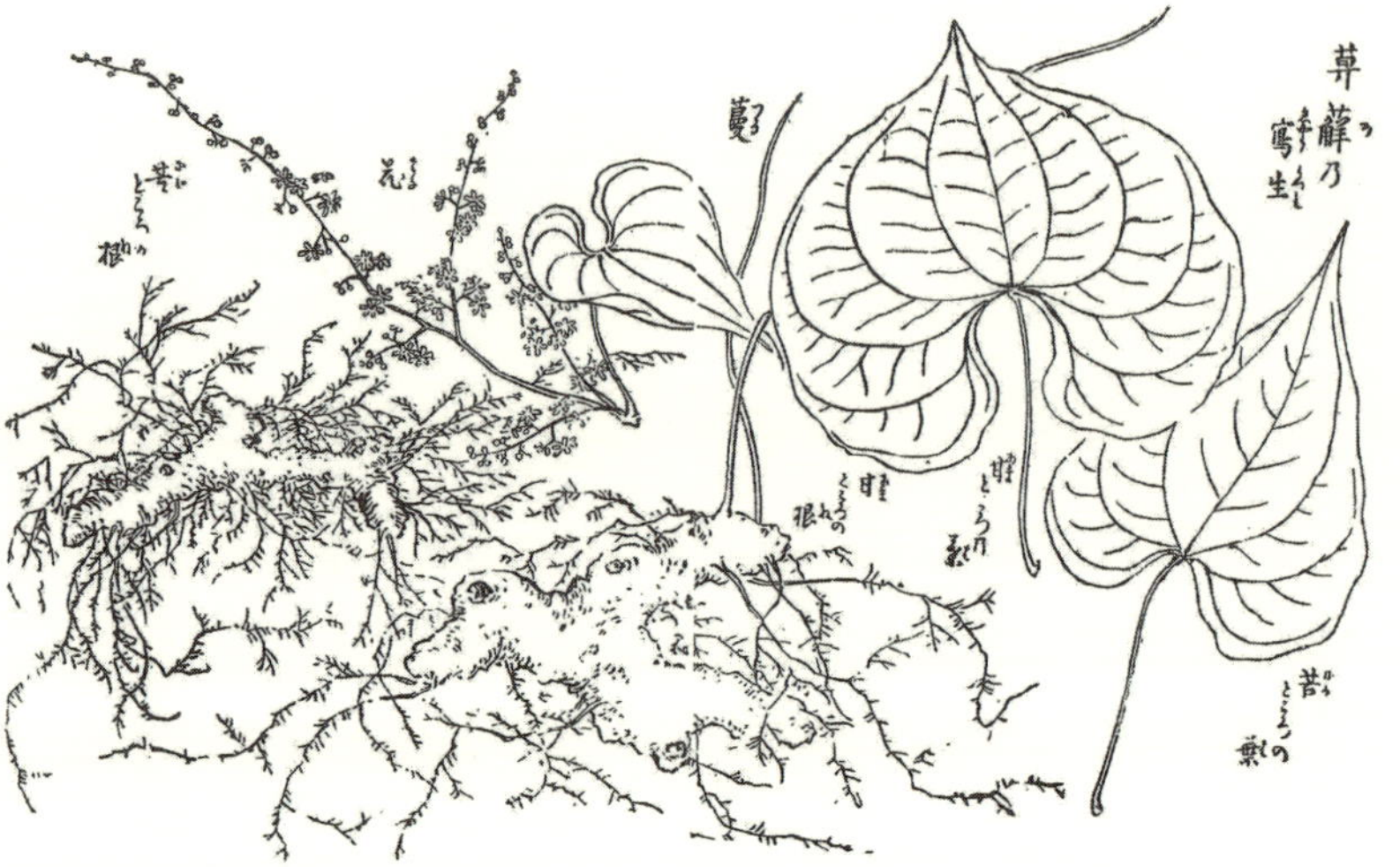

図Ⅳ－2－3　トコロ

大蔵永常『広益国産考』（岩波書店、1946 年）154 ～ 155 頁より引用。

たものを練り合わせた食べ物であった。人々は飢饉時に、いろいろな食材を用いながら調理方法を工夫して飢えを凌いだのである。しかし、同じく仙台藩の卯左衛門（上胆沢新里村肝入善左衛門親）が記録しているように、さまざまな草木を採集して調理しても、解毒の方法などを知らずに、みだりに食する者は死ぬこともあったという。そこで、卯左衛門親子は、村民に向けて草木などの利用法を書き出した。これは、宝暦六年（一七五六）三月に代官今泉七三郎へ上申され、領内に知らされた。

次に、備荒草木の具体例として、トコロを例にあげよう。トコロは、古くから根を食用や薬用としてきたことが知られるが、苦味があるため常食にはなりにくかった。苦味をとるために、茹でてから水に浸して、灰水《あく》で煮るなどの手間のかかる方法が必要であった。食べ方は、飯に混ぜることもあったが、蕎麦粉・麦粉・米の粃《しいな》などと混ぜて搗き、餅にして食べることが多かったようである。さらに、トコロの商品化もなされた。盛岡藩領や仙台藩領などでは、宝暦の飢饉や天明の飢饉の際に売買されていた。しかし、それらを下層民が買えたかは疑わしいとされている。下層民は、自らトコロを採集し、調理して食すしかなかった。

続いて、救荒草木として仙台藩で特に奨励された松皮餅（松木皮餅）を取り上げよう。松皮餅は、マツの皮を粉にして、それを米粉などに混ぜてつくられたものである。仙台藩では、宝暦五年に不作であったため、江戸買物所御用達の今中九兵衛が「松皮粮用」の書物を板行《はんぎょう》して五〇〇冊を国元に送った。これは、翌年に郡奉行を通じて藩領内へ配分された。その書物とは、享保一八年に浪華《なにわ》住人の井上氏が著し、寛保三年（一七四三）に江戸本船町《ほんふねちょう》住人の大倉氏某が板行した『万世飢食松皮製法』であった。その結果、仙台藩では救荒食としてマツ皮が重要視され、それぞれの地域の食習慣にあわせて捉え直されて広く食された。その後の天明の飢饉においても松皮餅が食され、天保の飢饉においては、勘定奉行の佐藤助右衛門（もとは佐藤屋助五郎という商人）が松皮餅を大量に製造し、窮民《きゅうみん》救済に利用した。こうしたマツ皮を利用した背景には、仙台藩領の森林にマツが広がっていたことがあった。

以上みてきたように、江戸時代の人々は、飢饉の際に森林からの恵みを得ることで生き延びようとした。領主に「御救山」として解放された山からは、木材や薪炭を得て、自家消費や換金化することで生活の足しにした。また、森林に入って救荒草木を採集して、それらを調理して食料とすることで命をつなぐことも多かった。食すことのできる草木の選択やその調理方法などの知恵は、その土地の経験知として記憶・記録され、なかには書物として出版されて、広く知れ渡ることもあった。これらの多くは、藩役人や村役人が主導したものであったと考えられる。森林は、人々の生きる最後の砦だったのである。

トピック　救荒書と草木

飢饉を生き延びる術を記した書物である救荒書は、江戸時代に多く刊行された。明治一八年（一八八五）に織田完之《かんし》によって刊行された『補饑新書』（天保期〈一八三〇～四四〉に東条琴台《きんだい》が著し、写本として伝えられた書）や、昭和一九年（一九四四）に刊行された石井泰次郎・清水桂一『救荒食糧かてもの』には、江戸時代における救荒書のリストが掲載されている。これらから、当時における江戸時代の救荒書に対する認識をうかがうことができる。

リストをみると、刊本として最初にあげられているのは、いずれも『民間備荒録』である。一関《いちのせき》藩医の建部清庵《せいあん》が著した『民間備荒録』は、明和八年（一七七一）に刊行されて、以降も版を重ね、救荒書の先駆けとなって多くの人々に読まれた。特に天保四年の大凶作を契機に各地で救荒書が相次いで刊行されるが、それらにも大きな影響を与えた書物である。その『民間備荒録』の目次をみると、上巻には「備荒樹芸之法」があり、下巻には「食草木葉法」「食生松栢葉法」「食草木葉解毒法」があり、草木の栽培や食し方に多くの丁数を割いていることがわかる。清庵の著作には、民間の経験知をもとにまとめられた『備荒草木図』もある。

このような救荒書は、江戸時代に写本や出版というかたちで流布していき、飢饉に遭った人々が生き延びるために役立てられた。そのなかでも、森林の恵みである草木の利用に関する記述が多くを占めていたのである。

【参考文献】

農林省編『日本林制史資料』（朝陽会、一九三一〜三四年）、遠藤安太郎『山林史上より観たる東北文化之研究』（日本山林史研究会、一九三八年）、小原伸『伊達仙台藩の林政』（宮城県林務部、一九五四年）、山田龍雄ほか編『日本農書全集　一八』（農山漁村文化協会、一九八三年）、鷹巣町史編纂委員会編『鷹巣町史　別巻　資料編二』（鷹巣町、一九八七年）、深谷克己『百姓成立』（塙書房、一九九三年）、菊池勇夫『飢饉の社会史』（校倉書房、一九九四年）、「新編弘前市史」編纂委員会編『新編弘前市史　通史編二（近世一）』（弘前市企画部企画課、二〇〇二年）、菊池勇夫『飢饉から読む近世社会』（校倉書房、二〇〇三年）、黒瀧秀久『弘前藩における山林制度と木材流通構造』（北方新社、二〇〇五年）、土谷紘子「天明飢饉時の弘前藩における山林利用」（浪川健治ほか編『地域ネットワークと社会変容』岩田書院、二〇〇八年）、金谷千亜紀「盛岡藩領五戸通における御山支配と山林利用」（『農業史研究』四四、二〇一〇年）、菊池勇夫「救荒食と山野利用」（菊池勇夫ほか編『講座東北の歴史　第四巻』清文堂出版、二〇一二年）、長谷川成一『北の世界遺産白神山地の歴史学的研究』（清文堂出版、二〇一四年）

（栗原健一）

三　安政の大地震と地域の対応

1　〝稲むらの火〟の逸話と広村堤防・防潮林

幕末の安政年間（一八五四〜六〇）には、巨大地震が相次いで発生し、関東から九州に至る広い範囲で被害をもたらした。「安政の三大地震」と呼ばれる安政東海地震・安政南海地震・安政江戸地震は、その代表的な事例である。このうち東海地震と南海地震は、「安政」という元号が冠せられているものの、正確には嘉永七年に発生したものである。この年の一一月二七日に元号が「嘉永」から「安政」に替わったため、「安政元年」と呼び慣わすことが多いのである。

この東海地震と南海地震は、嘉永七年一一月四日と五日に相次いで発生した。東海地震は一一月四日の辰刻（午前八時頃）前後、南海地震は五日の申刻（午後四時頃）前後に発生し、その間隔はわずか約三二時間であったといわれる。東海地震と南海地震とは、同時または連続して起こる〝双子の地震〟として知られる。これ以前の慶長地震（慶長一〇年〈一六〇五〉）や宝永地震（宝永四年〈一七〇七〉）のときも、東海地震と南海地震が同時に発生したという。嘉永七年の東海地震の規模はマグニチュード八・四と推定され、震源域は駿河湾および現在の愛知県沖から三重県沖あたりであったとされる。なお、地震学では、駿河湾を震源域として発生する地震を「東海地震」、愛知県沖から三重県沖を震源域とする地震を「東南海地震」と呼んで区別しているから、この地震は、東海地震と東南海地震がセットになった形で発生したことになる。このとき最も激しい揺れとなったのは、現在の静岡県静岡市清水区一帯と同県牧之原市から袋井市あたりの震度七で、駿河湾沿岸は軒並み震度五～六前後であったと推定されている。また、津波の被害も著しく、伊豆の下田では六～七メートルの津波が押し寄せ、折りから停泊中のロシアの軍艦ディアナ号が沈没する事態となった。津波は伊勢・志摩や紀州熊野あたりにも襲いかかり、その高さは五～一〇メートル前後に達したという。

図Ⅳ－３－１　現在の広村堤防
写真提供：芳賀和樹氏。

一方の南海地震も、マグニチュード八・四と推定される巨大地震で、震源域は潮岬沖から四国沖の地域であった。最大推定震度は、和歌山県新宮市付近と高知県中村市付近の震度六～七で、紀伊半島西岸と四国の太平洋側の地域は、震度五～六程度の揺れに見舞われた。この地震でも大津波が発生しており、四国の土佐では五～八メートル、大坂でも二・五メートルの津波が押し寄せて木津川・安治川を逆流し、数多くの被害をもたらした。

さて、嘉永七年一一月四日、紀伊国有田郡広村（和歌山県有田郡広川町）にも東海地震が襲った。激しい揺れの後に津波が発生したが、このときの広村では六～七尺（約一・八～二・一メートル）程度の高さだったといわれ、村の庄屋を務める浜口儀兵衛（のちの梧陵《ごりょう》。ヤマサ醤油を興した浜口家の第七代当主）は、村人たちを高台に避難させ、粥を配って、ひとまず事なきを得ていた。しかし、翌五日の七ツ時（午後四時）頃、「激烈なる事、前日の比に非ず」といわれるほどの大きな揺れが再び村を襲った。南海地震である。

瓦が飛び、壁が崩れ、塀が倒れて土煙が濛々《もうもう》とあがる中、揺れの合間を見計らって家族を避難させ、村内を見回り始めた儀兵衛は、沖の方角から「恰《あたか》も長堤を築きたるが如し」と喩《たと》えられるほどの巨大な津波が押し寄せてくるのを発見し、すぐさま村の者たちへ避難を促した。しかし津波は、みるみるうちに浜辺に達し、広川を遡って民家を次々と飲み込んでいった。儀兵衛自身も激浪に襲われ、水中に没して翻弄《ほんろう》されたが、幸い丘の近くへ漂着したため、一命を取り留めることができた。「背後を眺むれば、潮勢に押し流さるゝもあり、或《あるい》は流材に身を憑《よ》せ命を全うするものあり、悲惨の状見るに忍びず」とあるごとく、八幡社へと逃れる途中で儀兵衛が目にした光景は、凄惨《せいさん》の一語に尽きる状況であった。

日が暮れて、松明《たいまつ》を持った村の者とともに周囲の捜索を始めた儀兵衛であったが、流木や倒木で道を塞《ふさ》がれ、思うように身動きがとれなかった。そこで、一計を案じた儀兵衛は、路傍にあった十数か所の〝稲むら〟（刈り取った稲を乾燥させるために積み上げたもの）に火を放ち、これを海中に漂流する者たちが暗い中でもたどり着けるための目印とした。この方法は効果があったようで、「此計空《このけいむな》しからず、之《これ》に頼りて万死に一生を得たるもの少からず」とあるように、漂流していた人たちは炎を頼りに高台へと向かい、結果として九名ほどの村人が命を救われたといわれる。

浜口儀兵衛の手記「安政元年海嘯《かいしょう》の実況」に記された〝稲むらの火〟の実話は、おおよそ右のような内容であった。これがフィクションとして成長していくのは、明治二三年（一八九〇）に来日したラフカディオ・ハーン（小泉八雲）らによってである。ハーンは明治三〇年、この儀兵衛の逸話をモデルにしつつ、その前年に起こった明

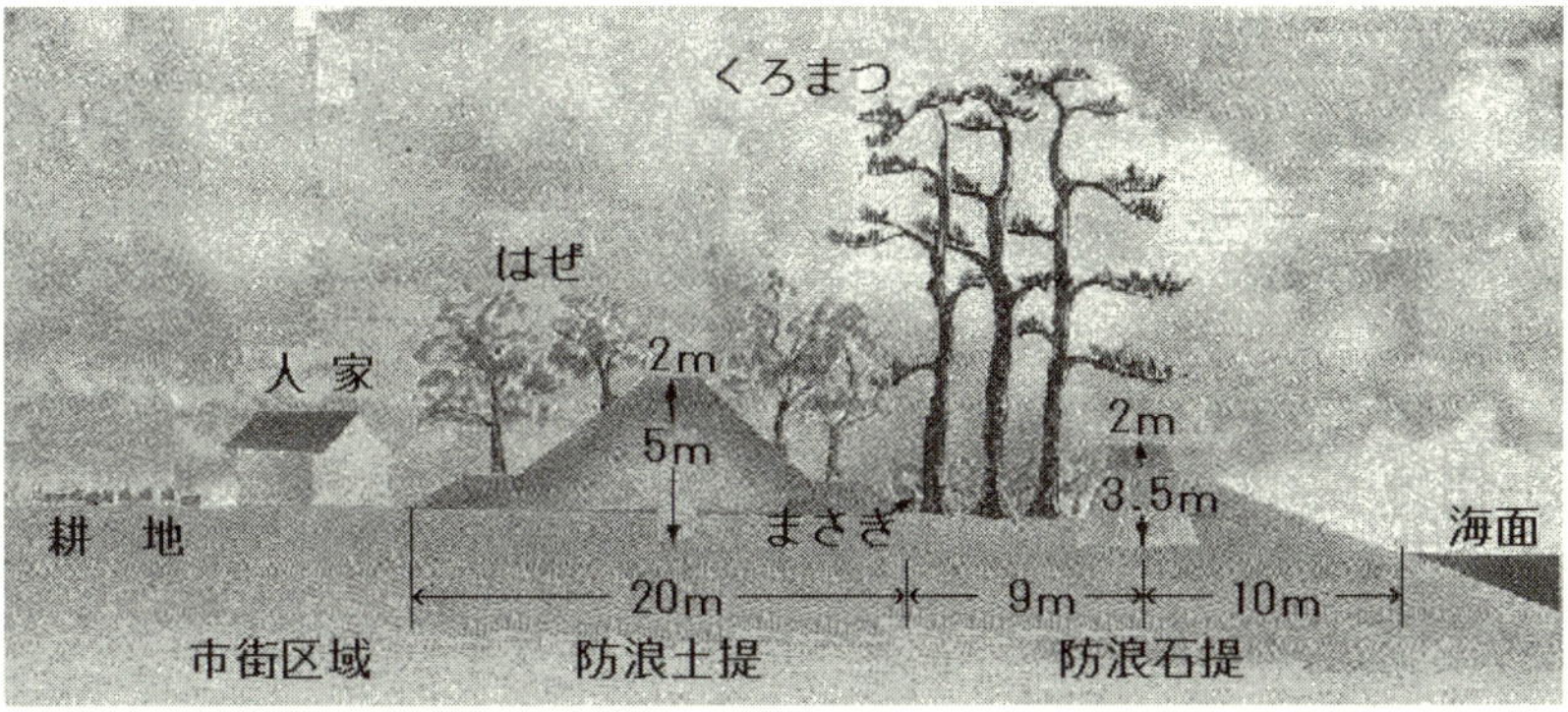

図Ⅳ－3－2　広村堤防断面図

気象庁ホームページ（http://www.data.jma.go.jp/svd/eqev/data/tsunami/inamura/p4.html）より。

治三陸津波の様子なども素材に加えて、『生き神様（A Living God）』という物語を完成させた。そして昭和初期に入り、この作品に接して強く感銘を受けたのが、広村に隣接する有田郡湯浅町出身の教師中井常蔵であった。師範学校時代に英語教材として『生き神様』の存在を知った中井は、儀兵衛の思いを子どもたちに紹介したいと考え、昭和九年（一九三四）に行われた文部省の第四期国定教科書の国語教材募集に際し、『生き神様』をベースにした教材を書き下ろした。これが一般に広く知られている『稲むらの火』で、昭和一二年から尋常小学校第五学年用国語読本に採用された。なお、これらの作品では、主人公の名前が儀兵衛ではなく五兵衛に改められているうえ、地震の揺れ方や津波の前兆現象、稲むらに火を付けた目的などが、前記の手記で示された内容とは異なり、彼の機転や判断力に焦点を当てるための脚色が施されている。

さて、この安政南海地震によって広村は、死者三六名（うち流死人三〇名）、流失家屋一二五軒、全壊家屋一〇軒、半壊家屋四六軒、潮入りによる損壊家屋一五八軒、流失船舶一三隻という大きな被害を受けた。儀兵衛は、みずから米二〇〇俵を寄付したうえで村内や隣りの湯浅村の有志家らに米の供出を求め、当座の食糧を確保するとともに、家財を流失して途方に暮れている村人たちの糊口《ここう》をしのぐため、散乱する流出品の拾得作業や道路の復旧作業にあたらせた。倒壊・流失した家々の柱・梁や竹木類などは、拾い集めて番号を付け、後日これらを入札によって売却し、得られた金銭は各家の建坪《たてつぼ》の割合に応じて分配したという。

儀兵衛は、私財をなげうって家の建設を援助し、農具や漁具を購入して村の生業の維持に努めたが、津波の恐怖を味わった人々の中には、離村して安全な場所へ移住したいと申し出る者もいた。これにより広村そのものを津波から守る必要性を痛感した儀兵衛は、藩に対して高さ二間半（約四・五メートル）・長さ五〇〇間（約九〇〇メートル）の堤防を私費をもって築造したいと出願して認められ、被災後わずか三か月という異例の早さで工事に着手した。堤防の築造には、職を失った村人たちを日払い賃金で雇うことにしたので、一日に四〇〇〜五〇〇人の人足が集まったともいわれる。安政五年（一八五八）、儀兵衛が家業の都合などで上京することになったため、工事は予定の三分の二で終了したが、全長六五〇メートル、高さ五メートル、根幅二〇メートル、天幅二メートルの堂々たる堤防ができあがった。なお、このとき工事に関わった人足はのべ五万六七三六人、費用は銀九四貫三四四匁（金換算で一五七〇両余）を要した。

広村堤防は、一五世紀初頭に畠山氏によって造られたと伝承される高さ三・五メートルの波除《なみよけ》石垣（防浪石垣）の内側に設けられ、堤防強化と防潮林の役割を兼ねて、石垣と土堤の間には二列にわたってクロマツが、土堤にはハゼの木が植えられた（図Ⅳ－3－2参照）。なお、この防潮林の植林にあたり、儀兵衛は細心の工夫を施している。マツは樹齢二〇〜三〇年のものが選ばれたが、儀兵衛はあらかじめ自生していたときの枝葉の向きなどを記録させ、それと同じ状態で植え替えるように命じた。できるだけ以前と同じ状態を保つことで生育環境の変化を最小限に抑え、マツの根付きをよくしようと考えたのである。こうした配慮もあって、このとき植え替えられたマツは一本も枯れることがなかったという。

昭和二一年（一九四六）一二月二一日未明、潮岬沖を震源とするマグニチュード八・〇の地震が起こった（昭和南海地震）。このときの津波の第一波は、安政南海地震のときよりも早く到達し、しかも夜明け前の地震であったため避難することもままならない状況で、広川・江上川を遡上した津波によって二二名の死者を出したが、広村堤防と防潮林に守られた場所では、高さ四メートルの津波を耐えぬき、一部が浸水したのみで被害を最小限に食い止めることができたのである。

2　飛越地震と飛騨国の御林

安政五年（一八五八）二月二六日の夜九ツ半時（午前一時）頃、飛騨国（岐阜県）北部から越中国（富山県）にかけての山間地域にマグニチュード七・〇〜七・一と推定される大地震が襲った。「飛越《ひえつ》地震」と呼ばれる内陸直下型地震である。これは、越中国有峰付近から約七〇キロにわたって伸びる「跡津川《あとつがわ》断層」という活断層によって引き起こされたもので、越中側では「鳶山《とんびやま》崩れ」と呼ばれる山体崩落が起きて土砂が河川を塞ぎ、下流域で洪水が発生するなど大きな被害を出した。

また、飛騨国側の吉城郡・大野郡七〇か村では、この地震により惣《そう》家数一二一七軒の約五八%にあたる七〇九軒が潰家《つぶれや》となり、死者は二〇三名、怪我《けが》人は四五名を数えた。特に断層が走る吉城郡小嶋郷・小鷹利郷・下高原郷と大野郡白川郷では、家屋の倒壊のみならず、山崩れにより田畑が埋没し、道路・橋梁が損壊を受けるなど、甚大な被害に見舞われた。

これらの地域を支配する幕府の高山代官所では、折悪しく郡代の交替期にあたっており、前任の飛驒郡代福王三郎兵衛はすでに江戸へ向けて高山を出発した後であった。トップの郡代不在の中で、代官所の地震に対する初動対応は、高山に残留していた福王の元締手附・手代に委《ゆだ》ねられた。震災二日後の二月二八日、代官所は高山町の「身元宜しき者」たちに対して御救米金を供出するように命じ、ただちに金一三六両余、米一〇俵余、味噌・塩・漬菜などが上納された。また、飛驒三郡の村々からも、富裕農民からの提供分として金四一両、一般農民からの義援金として金七八両が差し出された。さらに代官所からも、非常手当貸付金という名目で運用していた利金の一一五両三分余が、被害を受けた約七〇〇〇人に分配されることになった。

しかし、義援金や援助物資の見込みがついても、被災地の具体的な情報や運搬手段がなければ、何の役にも立たない。元締手附らは二月二八日、「容易ならざる凶変に付、急々出役の上、取り調べこれ有りたし」と述べて、代官所に所属する地役人に現地調査を命じた。地役人は二名が一組となり、医師一名を同行させ、代官所の囲籾から「急夫食《きゆうふじき》」として五日分の米（一日一人あたり二合五勺）を積み込み、被害の大きかった小嶋郷・小鷹利郷・下高原郷の三方面に分けて派遣された。しかし、山崩れによる土砂の崩落で道筋が寸断されているうえ、相次ぐ余震に見舞われ、見分作業は難航を極めた。一度は途中で廻村を打ち切って引き返すことを余儀なくされ、見分作業が再開されたのは余震が収まった三月一六日からで、このときにはさらに一〇日分の夫食米を積み込んで廻村が実施された。そして、この廻村によってつくられた「見分書」と村々から差し出された「口書」が、以後の高山役所における被災地救援のための最も基本的な情報源となった。

また、交通路の確保も急務の課題であった。飛驒国北部地域では、米・塩などの生活必需物資の多くを越中国からの移入に頼っていた。そのため、越中―飛驒間の道筋が山崩れで絶たれたことは、被災地はもちろん、飛驒国内全体の死活を制する問題であった。そこで高山町の町人らは、臨時の道路を切り開くべく嘆願を行い、代官所は同町や村方の「身元相応重立《おもだち》候もの」に出金させて世話方に任命し、黒鍬《くろくわ》・杣《そま》や日雇人足らを大量に動員して復旧工事を急がせた。

こうしたなか、飛騨国にとって不幸中の幸いだったのは、国内に豊富な森林資源が存在したことである。飲み水の調達に必要な用水樋の架け替え、被災した人々が雨風をしのぐ仮小屋の建設、道・橋の復旧のための普請など、被災地のライフラインの確保には大量の木材が必要であった。飛騨国は、「一国御林山」といわれるほど幕府の直轄林（御林）が広範に分布しており、代官所に出願して認められれば、御林内の樹木を伐り出すことが可能であった。また、伐木や運材の技術を持った杣や日用も数多く居住していた。

同年三月付の「地震災につき免状留」（高山陣屋文書、岐阜県歴史資料館所蔵）には、この時期に代官所が村方からの出願に応じて御林内の樹木伐採を許可した事例が書き留められている。これを見ると、三月四日から六日にかけて、代官所では被害の大きかった在家村・高牧村・西忍村の三か村から出された用水樋の架け渡しに必要なスギやナラの伐採願いを許可している。用水樋は農業生産のみならず、生活用水に必要な水道管としての役割も果たしており、これが寸断されてしまっては、飲料水などが確保できなくなるため、早々に伐採を認めたのである。続いて三月八日には、震源地に近い角川組の三か村から「小家掛木」としてクリ・ナラ・マツ一〇〇〇本、新名組の四か村から「仮小屋木」としてクリ・ナラ二三〇本、元田村から「小家懸木」としてクリ・ナラ七五本、羽根村から「仮小屋木」としてクリ・ナラ・マツ八三本の伐採願いが出され、いずれも許可されている。被災した住民を収容する仮小屋建設のための伐採願いは、その後も断続的に提出され、三月一一日には小島庄四か村でクリ・マツ二三〇本、同一四日には鹿間村ほか九か村でクリ・マツ二四五本の伐採が認められている。

右の例を見てわかるように、仮小屋建設のための用材には、主としてクリ・ナラ・マツが用いられている。これらの樹種は、村々の背後に位置する里山で生育する樹木の代表格である。村々では、地震に対する初動対応として、まずは手近な里山の樹木を伐り出して簡単な小屋掛けを行い、家を失った人々に対する仮設住居に充てたのである。飛騨国の御林では、一八世紀前半以来、幕府の主導によりヒノキ・サワラなどが盛んに植林され、この時期には一定の生長を見せていた。しかし、これらはあくまでも幕府の御用材生産のための樹木であり、その利用には代官所による見分吟味など面倒な手続きが必要であった。災害発生直後の緊急対応には、もちろんそのような手間のかかることをしている余裕はなく、また、こうした上質の建築用材を利用する必要もなかった。手近な場所にあって伐採や運び出しが容易で、しかも幕府の需要からは外れるクリ・ナラ・マツなどを積極的に活用するのが、最も賢明な選択だったのである。

ところで飛越地震では、幕府の御林そのものも大きな被害を受けた。地震の振動による倒木はもとより、土砂崩れによって根こそぎ土中に埋まった樹木や、川へ落ち込んで流失した樹木も多かった。そこで高山代官所は、震災への初動対応が一段落した同年六月、御林内の「山抜け・根返り木・打ち朽ち・流失仕り候上木《じょうぼく》の分」を村々から書き上げさせて提出させた。代官所はその後、幕府御用材の伐り出しを担当していた「山方二十五ヶ村」の者たちを現地に派遣して、再び損木の実情を直接把握させたうえ、代官所の地役人らが出役して御用木の被災状況を見分、翌六年四月には被害の大きかった吉城郡高原郷・大野郡白川郷の御林に関する「震災木取調請印帳」を作成している。そして同年七月、飛騨郡代の増田作右衛門はこれらの調査結果をもとに、幕府勘定所に対して「飛州村々御林木去る午年地震災の節根返り・打ち折れに相成り候分取り計らい方伺書」（角竹文庫郷土資料筆写稿本、飛騨高山まちの博物館所蔵）を提出した。これによれば、代官所は、長さ二間〜九間（約三・六〜一六・二メートル）・

目通り三尺～一丈七尺（約〇・九～五・一メートル）のヒノキ（一一五本）・クロベ（一五七本）・ツガ（四〇本）・ヒメコ（二五四本）・ケヤキ（三三一本）・カツラ（八四本）・クリ（二四七本）の合計一一二八本については「何《いず》れも上材、殊《こと》に稀《まれ》成《な》る大木も御座候」と評価して幕府御用材に活用する方針を示し、川下げや海上輸送の経費を調査したうえで、採算がとれるならば江戸へ回送し、これが難しければ「御払」（地元で民間へ売却）にしたいと上申した。一方、調査の結果「悪木・底木」とされ「御用材には相成り難く候」と評価された九二一本の樹木に関しては、民間の白木稼ぎ用材として、村々からの出願があれば運上金を取ったうえで払い下げることとした。このように、「悪木・底木」とはいえ、上質な用材となるヒノキ・クロベなどの樹種が、地震による山抜け・根返りで大量に白木稼ぎ用材へと回されたことは、地域の住民にとって千載一遇のチャンスでもあった。白木稼ぎは、風倒木・雪倒木・枯損木や御用材を伐り出したあとに残った末木・枝木・株木を利用して下地材や椀木・桶木などに製材加工するものであり、小規模な生産活動ではあるものの、山方住民の生活基盤を支える重要な役割を果たしていた。御用材として活用不能と認定された損木は、地震後の地域の生業を維持していくため、積極的に利用することが可能になったわけである。

しかも、安政五年六月の村方による損木書上と同六年七月の郡代による勘定所あての伺書を比較してみると、代官所による損木調査の過程で伺書への記載にまで至らない樹木が数多く存在したことも明らかとなる。これは、安政五年七月に代官所が損木調査を行うべき樹種をヒノキ・サワラ・クロベ・スギ・ツガ・ケヤキ・シオジ・カツラ・エノキ・マキの一〇種類に限定したことに起因する。それ以前の安政五年六月の村方による損木書上は、御林に生育する樹木の地震被害そのものを把握する意味で行われたと考えられるもので、ヒノキ・サワラ・スギ・ケヤキ・カツラといった樹種に加え、マツなどの名前も見られ、さらには山崩れとなった「雑木立」「草山」の箇所

表Ⅳ－３－１　安政５年６月の被災地村方による損木書上

村名	スギ（本）	ヒノキ（本）	サワラ（本）	ケヤキ（本）	カツラ（本）	マツ（本）	雑木立山崩（箇所）	草山崩（箇所）
打保村	12							
戸谷村	11							
吉ヶ原村	31			3			10	
東漆山村	2						4	
二ツ屋村	60	3					7	
鹿間村	20	10	12				8	
船津町村	350						28	
割石村	370			1	1		11	
牧村	133						3	
西漆山村	38			18			18	
跡津川村	95				56	38	11	3
大多和村							7	
土村							7	
合計	1122	13	12	22	57	38	114	3

高山陣屋文書 1.63-9「（吉城郡村々震災損木取調一件）」（岐阜県歴史資料館所蔵）より安政５年６月調査の帳簿をもとに作成。

なども記載されている（表Ⅳ－３－１参照）。

このとき震源地に近い村々が提出した損木書上では、スギの被害本数が一一二二本と圧倒的に多く、「雑木立山崩」の場所も一一四か所におよんでいる。しかし、これらは代官所の調査の際に御用材となるべきものとは認識されず、郡代が作成した伺書にはまったく登場しない。つまり、白木稼ぎに利用可能なスギや薪炭材などに使われる雑木などは、地元住民が出願すれば活用できる状態で置かれていたことになり、伺書で「悪木・底木」と認定されたもの以外にも大量の樹木が山に残されていたことが判明するのである。

これらの損木を除去することは、被災地を復旧させるためにも、また森林を適切に保続させていくうえでも不可欠な作業であった。もちろん取り除かれた損木は、住民たちにとって〝宝の山〟であるから、これらを積極的に生業活動に役立て、そこで得られた収入を被災地の復興に充てていったものと考えられる。「損木」という言葉は、「役に立たない樹木」といったイメージを与えがちであるが、これは幕府の御用材としては不向きであることを示した言葉に過ぎず、地域住民たちにとって「損木」は十分に活用可能な樹木であった。当時の震災復興の具体的様相を考えるにあたっては、「損木」という貴重な森林資源の存在にも目を向けていく必要があると思われる。

トピック　飛驒国「元伐」村々の被災地支援—損木御用板の買い上げ出願—

高山陣屋文書（岐阜県歴史資料館所蔵）の「（震災損木を以御用板取立一件）」という一括史料の中に、安政六年一〇月付の「北方山内震災 御用挽割板取立調書上帳」という帳簿がある。この史料は、震災で根返り木となったクロベ一五七本・ヒノキ七二本を、幕府の御用板としてそれぞれ五二九七枚・三八五六枚の挽割板に加工し、その賃永として合計二〇五三貫五一文余を下付してほしいと願い出たものである。差出人は「山方弐拾五ヶ村惣代」の者たち八名で、宛所は「高山御役所」となっている。

「山方弐拾五ヶ村」は、「元伐」と呼ばれる幕府直営の御用材生産を担った村方で、北方と南方に二分される飛彈国の林業地帯のうち、南方の益田郡阿多野郷・小坂郷の村々から構成され、山稼ぎ以外に頼るべき生業がなく、「御救」として特別に御用材の伐出しを認められた村々であった。

右の願書は、一見すると、「山方弐拾五ヶ村」が自分たちの稼ぎのために損木を挽割板に加工したいと願い出たものに見える。しかし、文書の末尾には「右は高原郷金木戸村・苧生茂村・田頃家村・下佐谷村・笹島村・神坂村にて願い上げ奉り候震災木黒部・檜挽割板、書面の賃永を以て御買い上げ仰せ付けられ成し下され候わば、有り難き仕合せに存じ奉り候」とあり、実際に出願したのは、被害の大きかった高原郷の村々で、「山方弐拾五ヶ村」はこの出願を認めてほしいと後押ししていたことがわかる。永二〇五三貫文は、金換算で二〇〇〇両以上である。「山方弐拾五ヶ村」は、自分たちが行う挽割板の取り立てを高原郷の村々に譲り、被災地が二〇〇〇両余の加工賃を得られるように支援していたのである。

【参考文献】

杉村廣太郎『浜口梧陵伝』（浜口梧陵銅像建設委員会、一九二〇年）、河合村役場編『飛騨河合村誌 史料編 下巻』（河合村役場、一九八三年）、東京大学地震研究所編『新収日本地震史料 第五巻 別巻四』（東京大学地震研究所、一九八六年）、東京大学地震研究所編『新収日本地震史料 第五巻 別巻五—一』（東京大学地震研究所、一九八七年）、東京大学地震研究所編『新収日本地震史料 第五巻 別巻五—二』（東京大学地震研究所、一九八七年）、宇佐見龍夫「安政東海地震・安政南海地震の震度分布」（『地震予知連絡会会報』四一、一九八九年）、『稲むら燃ゆ』（和歌山県広川町、一九九八年）、高橋伸拓『近世飛騨林業の展開』（岩田書院、二〇一一年）、笠井哲「『稲むらの火』における『防災』の思想について」（『福島工業高等専門学校 研究紀要』五三、二〇一二年）、太田尚宏「飛越地震における高山代官所の初動対応」（『国文研ニューズ』二八、国文学研究資料館、二〇一二年）

（太田尚宏）

V

時代を越える〃暮らしを守る森林〃

静岡県磐田郡龍山村（浜松市）の瀬尻御料林
明治後期の様子。金原明善記念館所蔵。

一　井之頭御林と江戸・東京の水源

1　井之頭御林の植生に見る幕府の森林政策

東京都三鷹市・武蔵野市にまたがる井の頭公園は、約四万三〇〇〇平方メートルにおよぶ井の頭池を中心として、周囲には武蔵野の雑木林が広がり、井の頭弁財天、井の頭自然文化園、各種スポーツ施設、さらには南西部に連なる西園の中には三鷹の森ジブリ美術館などもあって、週末になると大勢の人々で賑わう身近な行楽スポットとなっている。このうち井の頭池の西側に位置する御殿山は、三代将軍徳川家光が鷹狩に訪れたときに休息する御殿があった場所といわれ、御殿の廃止後は幕府の直轄林となり、「井之頭御林《おはやし》」と呼ばれた。

江戸時代の井之頭御林は、面積が一一町四反五畝歩（約一一・四ヘクタール）ほどで、小規模な御林であったため、御林内の管理や監視を担当する御林守は置かれず、地元の武蔵国多摩郡吉祥寺村が日常的な管理を任されていた。幕府は、御林内の樹木について許可なく伐採することを禁止していたが、下草や落葉の採取は、吉祥寺村が下草永を支払うという条件で認めており、同村にとっては貴重な肥料の調達源となった。この御林の樹木は、和泉新田焔硝蔵《えんしようぐら》や関村の溜井圦樋《ためいいりひ》の修繕、中野村淀橋の架け替えなど、主として幕府による御普請用材として利用されたが、近くに川下げ可能な大きな河川がないため、伐り出した材木を馬背や車力で運ばなければならず、大規模な出材には不向きな立地条件にあった。

吉祥寺村の名主を務めた河田家の史料の中には、安政五年（一八五八）の改めによる「宇《あざ》井之頭御林惣木数扣帳《ひかえちょう》」が残されており、幕末期の井之頭御林における植生状況を知ることができる。このときの改めでは、成木と小苗木とに区分したうえ、樹種ごとに木数が数えられており、成木が三五七八本、小苗木は一万一〇三一本が植え立てられていた（いずれも計算値）。

図V－1－1　成木の樹種（安政5年）

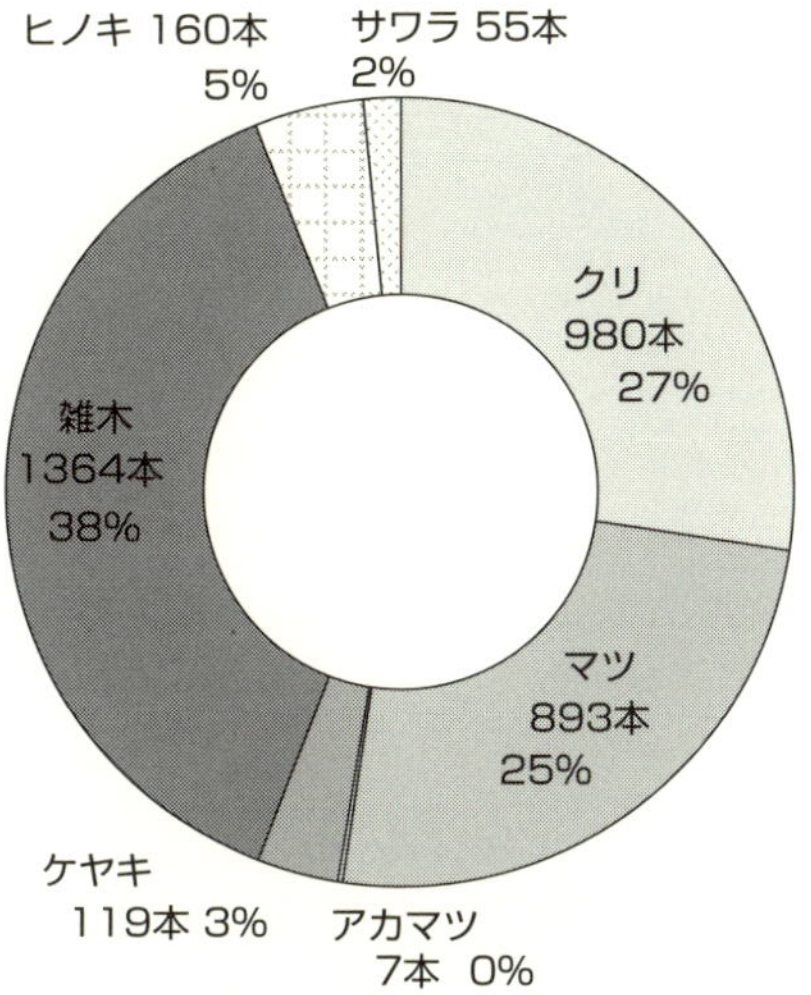

〔図V－1－1〕は、このうち成木の樹種ごとの割合を示したものである。今でこそ、武蔵野の雑木林というと、クヌギ・コナラなどの落葉広葉樹やシイ・カシ類などの常緑広葉樹が鬱蒼と茂っている姿を思い浮かべるが、幕末の井之頭御林では、「雑木」として一括されたこれらの広葉樹が三八％、同じく落葉広葉樹のケヤキの三％をこれに加えても四二％となり、現在の景観とはいささか異なる植生であったことがわかる。単独の樹種で比率が高いのはクリ（落葉広葉樹）とマツ（常緑針葉樹）で、それぞれ二七％・二五％を占め、両者を合わせると過半数を超える割合となっている。また、ヒノキ・サワラといった常緑針葉樹も五％・二％という割合で植栽されていたことが知られる。

実は、このような井之頭御林の植生状況は、江戸中期以来の幕府による森林政策を如実に反映したものであった。幕府は、田沼政権期の明和～安永年間（一七六四～八一）、長崎奉行兼帯勘定奉行の石谷《いしがや》清昌の主導により全国的な人工造林政策を展開した。当時長崎周辺で成功したといわれるスギ・ヒノキの挿木《さしき》技術の情報を得て、これを幕領へ導入することを企図し、全国の御林への試植を指示したのである。ちなみに、ヒノキやサワラ・スギなどは質の高い建築材で、城郭の修築や御殿の建設といった幕府の諸施設に対する普請に用いられる〝御用材〟の典型的な存在であった。このことだけを見ると、幕府が御用材を確保することのみを目的として植林を指示したように思えるが、石谷清昌による植林勧奨策の巧みなところは、これと同時にクリやマツの植林を指示したところにあった。クリは硬くて耐久性が高く、風雨にさらされても腐りにくいので、屋根の葺板や土木用材として使われるいっぽう、果実は食用となるため、凶作や飢饉のときの備えにもなるという利点がある。また、マツは養分が少ない土壌でも生育するうえ、幼木や枝木は燃料として不可欠な薪炭に用いられ、さらに成木後は建築材としても家屋の桁《けた》・梁《はり》などにも広く利用された。いわばクリやマツは、御林周辺の人々の生活に密着した樹種だったわけである。

石谷は、幕府が将来利用することを意図した御用木であるヒノキ・スギの植栽と、薪炭用・備荒用といった暮らしに直接関わるクリ・マツの植栽とを組み合わせて、人工造林の普及・推進を目指したのである。もちろんこれには、御用木となるスギ・ヒノキだけでは農民たちの造林に対する意欲が喚起されないため、民用となり得るクリやマツの造林を抱き合わせることで、継続的に育林作業を行わせようとするねらいがあった。そのため石谷は、明和元年九月の申し渡しにおいて、わざわざ「松・栗植え立て候ても、御取り上げに成り候事はこれ無く、惣百姓助成に成り候儀に候間、心得違い致さず、油断無く植え立て申すべく候」と述べ、クリやマツは御用木として幕府が召し上げることはなく、百姓たちの「助成」にするつもりなので、心得違いのないようにせよと通達している。

クリやマツを百姓の「助成」にするという石谷のアイディアは、武蔵野新田開発期に新田場世話役の川崎平右衛門定孝《さだたか》が行った御栗林の設置を参考にしたものであった。川崎が行った施策は、自らが荒地を開墾した場所にクリの苗木を植え、南武蔵野新田四四か村に林の管理とクリの実の収穫を任せて、このうち上質の実を江戸城へと献上し、残った実は四四か村に分配して各村の食糧の助成にするという方法である。石谷はこの情報を入手し、明和八年には御林を廻村した出役たちに対して栗林の実情報告と有効なクリの実の活用法を諮問した。さらに安永七年には、武蔵野新田で収穫したクリの実を全国の御林に配布するので、受け取りを希望する場所では苗代場をつくって苗木の養育をするようにと令達している。

このような石谷の人工造林政策は、地勢や土壌などを無視した強引な手法と、せっかく御林の手入れをしても最後は御用木に取られてしまうのではないかという農民たちの警戒によって、大きな成果をあげるには至らなかった。しかし、その後の幕府の森林政策においても、形式的にではあるが石谷の考え方が踏襲されており、クリやマツの植林を奨励する触書が数度にわたって出されている。〔図V－1－1〕に見るようなクリ・マツを主体とする井之頭御林の植生状況は、このような過程を経て次第に形成されていったものと考えられる。

しかし、天保九年（一八三八）三月に起こった江戸城西丸《にしのまる》の火災は、井之頭御林の植生を大きく変える契機となった。全焼した西丸の再建には膨大な御用材が必要となり、幕府は木曽・裏木曽地方や飛驒地方から大径材を調達すると同時に、関東筋の御林でも盛んに木々が伐採されて普請用材として利用された。このときの伐採跡地への植林は、代官の管轄のもとで御林を管理する村々が行うことになっていたが、緊急出材にともなう伐採であったため規模が大きく、村々が自力で行うには無理があった。そこで幕府勘定所は、天保一一年に造林の知識に精通した配下の支配勘定・勘定ならびに普請役・御林手代などで「御林手入方」と呼ばれるグループを組織し、幕府の費用で苗木を用意したうえ、まず「御試《おためし》」として関東筋の御林を廻村して植林や育林の技術指導を行うこととした。「御《お》林《はやし》伐出《きりだし》其外《そのほか》定《じょう》法帳《ほうちょう》」（国会図書館所蔵）収録の関係史料に「いよいよ成木方も宜しく往々御用材にも相成るべき模様に候わば、追々遠国《おんごく》御林迄も手入方仰せ付けられ候」とあるように、勘定所では、これによって一定の成果が得られれば、関東筋だけでなく、遠国の御林でもこの方法を用いる意図があったという。

　このときの御林手入方による井之頭御林への植林のあり方をうかがわせるのが、〔図V−1−2〕に示した小苗木の植栽状況である。これを〔図V−1−1〕と比べると、植栽された樹種の違いがはっきりとあらわれている。クリ・マツ（アカマツを含む）・雑木といった民用に主眼を置いた樹種は、全体の約三割に過ぎず、城郭建築用材などの利用を想定したヒノキ・サワラの植栽が約七割を占めている。天保期の江戸城火災を経験して、幕府は江戸城に近接する地域からいつでも城普請に使える上質の建築用材を確保しようと、御林内の植生の改変を計画したのである。ただし、苗木を植えたからといって、それがすべて成木するわけではない。「字井之頭　御林惣木数扣帳」には、植栽された各樹種に関する安政五年の改め以降の異動についても記載されているが、ヒノキの小苗木（六六一〇本）のうち、今後の「育木《いくぼく》」の対象となったのは一一二〇本、サワラ

図V−1−2　小苗木の樹種（安政５年）

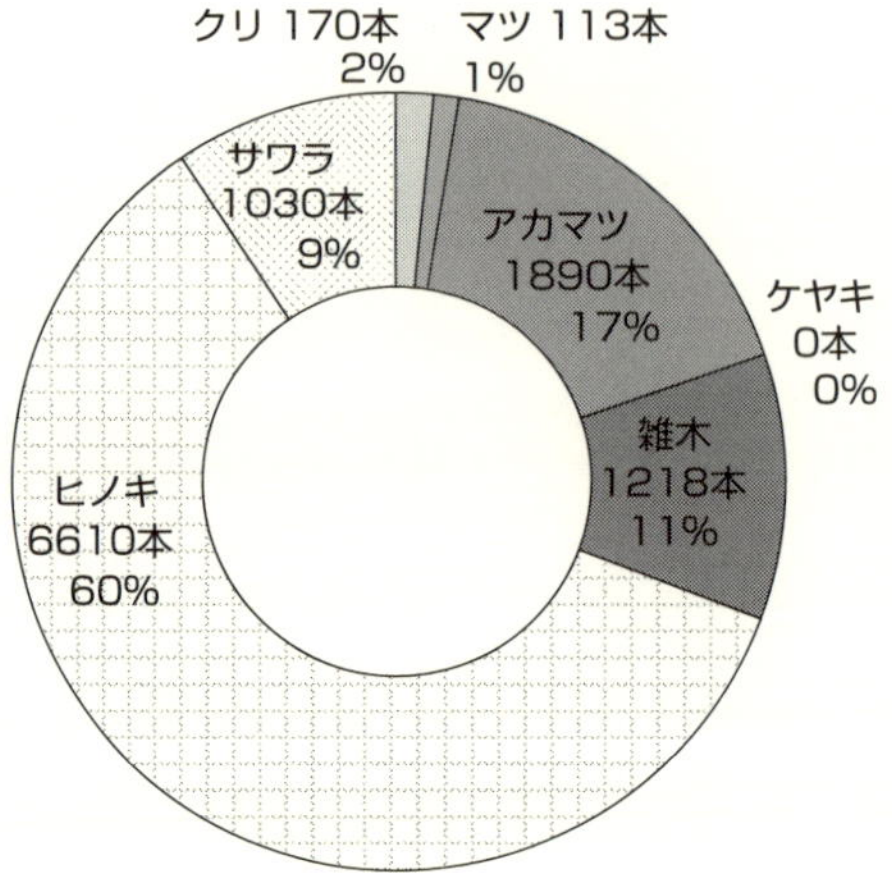

の小苗木（一〇三〇本）では二〇本ほどであり、御林手入方によって生育が見込めると判断された木数は、両者ともに植栽した苗木の約二％程度であった。

井之頭御林の植生は、右に見たような江戸中期から幕末期にかけての幕府の森林政策の変容を直接示すものとして、極めて興味深い内容を含んでいたのである。

2　江戸・東京の水を守る井之頭御林

また、井之頭御林は、江戸・東京の人々が使う生活用水を守るうえでも重要な役割を果たしていた。井の頭池は、江戸の基幹水道のひとつである神田上水の水源であり、上水はここからの湧水に善福寺川・妙正寺川の河水および玉川上水の分水を加えて流下し、小石川の関口大洗堰《おおあらいぜき》に至る。ここで二流に分派して、一つは水戸藩小石川上屋敷を潤したのち、御茶の水懸樋《かけひ》（水道橋）をわたって神田の武家地方面へ向かい、もう一つは江戸川・神田川と呼ばれ、主に内神田や日本橋周辺の町人地の生活用水として利用された。

井の頭池の地元である吉祥寺村では、「御殿山生育の樹木は、池水助成の為、取り設け候官林の由、口碑《こうひ》これ有り候」というように、井之頭御林が池の湧水の「助成」になる存在、すなわち水源涵養林《すいげんかんようりん》としての役割を担うために御林に取り立てられたという古くからの言い伝えがあった。しかし、地元の人々にとっては、下草・落葉の採取や風倒木・枯木などの払い下げによる小材生産といった若干の用益を認められていたものの、付近に運材に適した河川がなく、馬背や車力による材木運搬が中心となる立地条件のもとでは、効率的な用材生産は困難で、時代を下るにしたがい、右の「口碑」は忘れられていき、幕府の許可が得られるならば御林を開発して田畑に転換したほうがよいと考えるようになった。安政五年（一八五八）に村方が幕府へ提出した書上には、「土地の義は平地御林につき、開発仰せ付けられ候わば、作場に相成るべき場所に御座候」とあり、平地にある御林なので、開発して農地にすることが可能な土地であると述べ、そのほうが幕府も年貢収入が上がり、村方の生活も潤うのではないかという内意を込めた上申を行っている。明治維新を迎えた直後の明治元年（一八六八）一〇月、品川県知事の古賀一平が井之頭御林の悪木伐り払い跡地について、新田開発をするか、御林に仕立てるか、「御為筋《おためすじ》の方《かた》」を村方において選択するように通達した際にも、同村では「当村御林の義は雑木林にて、御用立ち木品《きしな》御座なく」「最寄《もより》に津出《つだ》し場これ無く」「格別御為に相成りがたき御林」なので、ぜひ「新開」を命じてほしいと回答している。

翌明治二年六月の版籍奉還にともない、旧幕府・諸藩の御林は政府が管理する「官林」（のちの国有林）へと編入され、内務省（のちには農商務省）が直轄化に乗り出す明治一〇年代までは、府県が官林に対する具体的な管理を代行した。明治政府は当初、官林を含めた官有地を順次民間へ払い下げる方針をとっており、井之頭官林も明治四年に払い下げの対象となった。開発志向の強かった吉祥寺村は、さっそく勧農寮《かんのうりょう》が実施した入札に参加したが、わずかな金額の差で四ツ谷天王横町の岩崎伝次郎という者が落札してしまった。同村では岩崎側と交渉した末、官林の半分を譲り受けるところまで話が進んだものの、金額面での折り合いがつかず、結局破談となって購入を断念せざるを得なかった。

岩崎は新田開発を進めるため、井之頭官林の中にある樹木の伐採に取りかかった。しかし、「平常清泉湧き出《いで》候ところ、伐木以来逐年《ちくねん》水涸《か》れ」とあるように、伐木を進めるうちに井の頭池の湧水量が減少してきた。この事態に危機感を抱いたのは、神田上水に生活用水の多くを求めてきた東京府であった。明治七年八月、東京府知事

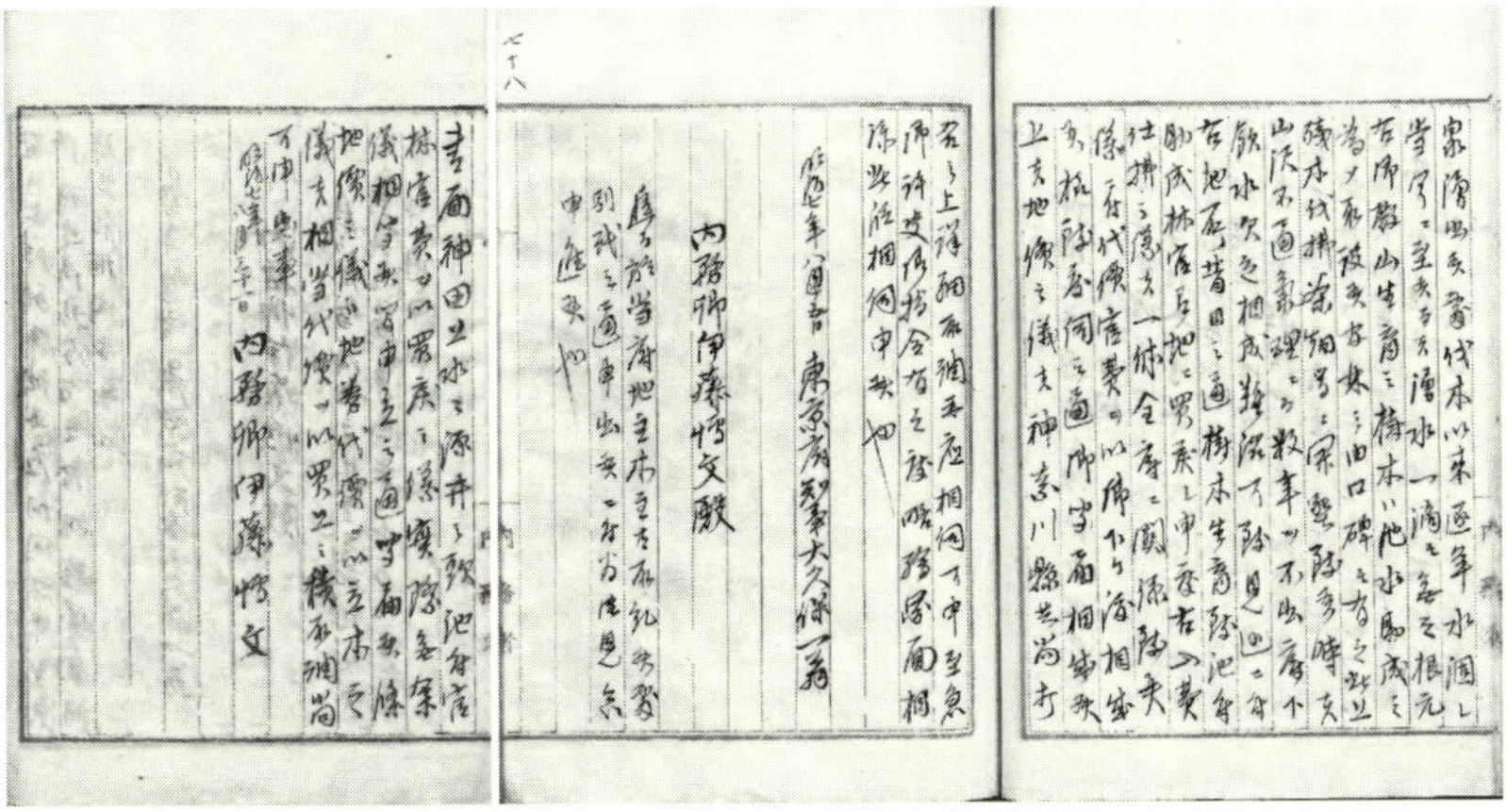

図Ⅴ－1－3　東京府知事大久保一翁から内務卿伊藤博文への願書と回答
「公文録 明治九年 第九十七巻」（国立公文書館所蔵）より。

の大久保一翁《いちおう》は内務卿の伊藤博文に宛てて、井之頭官林の払い下げから湧水量の減少までの経緯を記したうえ、「当今に至り候ては湧水一滴もこれ無く」「数年を出ず府下飲水欠乏に相成り、難渋致すべき見込」であることを説明して、官費をもって井之頭官林を買い戻してほしいと願い出た。大久保は買い戻した後の官林について、「昔日の通り樹木生育致し、池付助成林官有地」にする旨を付け加えている。

東京府の要請をうけた内務省では、同年一二月、「実際余儀《よぎ》無《な》く相聞《あいきこ》え候」という理由でこれを認め、井之頭の林は買い戻されて、再び官林として位置づけられた。井の頭池のあった吉祥寺村周辺は、当時神奈川県に所属していたが、井之頭官林は神田上水の水源涵養林であることを理由に、東京府が取り扱うものと定められた。東京府は明治九年四月、改めて井之頭官林にヒノキの苗木一万本を植え付ける計画を立て、内務省に苗木の買上代金の下付を申請している。

明治政府による官林の管理政策も、この時期に大きく変化していた。明治六年七月、政府は官有地の払い下げ方針を撤回し、「荒蕪不毛地払下規則」「官有地払下規則」を停止して、やむを得ない事由のある場合を除き、払い下げを行わない方針へと改めた。これは、民間への払い下げにより開発が進行する過程で、多くの森林が乱伐されたことをうけた措置であった。同一一年四月、内務省は東京府など各府県にへ宛てて、森林管理に対する「各方面限り実地適当の見込」の立案を指示したが、この通達の中で内務省は「山林の儀は建築・工作・薪炭等の利用あるのみならず、気候調和・水源涵養・土砂扞止《かんし》功あるを以《もつ》て、官有山林の儀は漸次《ぜんじ》取締り相立て、殊に水源涵養・土砂扞止林に至ては濫伐《らんばつ》禁止候共、民林に至りては濫伐年々増加の趣にこれ有り候」「気候不順・水源枯渇・土砂流出等の諸凶事、先後続起するに至りては、其《そ》の害山林のみに留まらず、田圃を害し、果穀を歉《けん》し、傍ら疾疫を誘生し、歳収の多寡《たか》は論を待たず」と述べて、森林が建築・工作・薪炭といった人間による資源の活用のみならず、気候調和や水源涵養・土砂扞止など、自然環境を良好に保つのに不可欠なものであるとの認識を示したうえ、これらが損なわれたときには自然災害が発生し、田畑からの収穫の減少や疫病を誘発して、損失は計り知れず、「甚だしきに至りては、国力の盛衰に関係を生ずまじきにもこれ無く」というように、国の命運をも左右する事柄であるとして、官林だけでなく民林においても乱伐を抑える必要があることを強く説いた。

　井之頭官林の買い戻しも、右のような政府の方針転換に歩調を合わせる形で実現したのである。森林が自然環境を守る機能を有していることは、人々の目に直接映るものではないだけに、実感することは難しい。しかし、ひとたび活用優先の発想だけで樹木の伐採が進行すると、こうした機能が損なわれ、その弊害がたちまち顕在化してくる。井之頭官林をめぐる一連の出来事は、私たちに大きな教訓を与えてくれるといえよう。

トピック

武蔵野新田の「御栗林」

川崎平右衛門定孝《さだたか》は、享保改革の際、「地方《じかた》御用」大岡忠相《ただすけ》（町奉行兼務）の配下として武蔵野新田の開発に尽力した人物として知られる。武蔵国多摩郡押立村（府中市）の名主であった平右衛門は、はじめ小金井村周辺の新田開発を進めていたが、武蔵野一帯が凶作に見舞われた元文三年（一七三八）、自らが開発した一〇町あまりの持地にクリを植樹し、栗林に仕立てることを計画した。苗木は自家で用意して植栽し、成木後にできたクリの実は、一部の上等なものを江戸城へ献上したうえ、残った実を南武蔵野新田四四か村に食糧として配分するという内容であった。こうした経営手腕が大岡の目に止まり、平右衛門は翌四年に「南北武蔵野新田場世話役」に登用される。平右衛門が計画した栗林は、三年をかけて植栽が行われ、この分の年貢が免除されて「御栗林」と呼ばれるようになった。

「御栗林」の日常的な管理は、周辺の下小金井・梶野・井口など新田一〇か村が担当し、林の世話をする代わりに肥料となる下草・落葉の採取が認められた。秋になってクリの実が熟すと、残りの三四か村の者たちが集められ、木から実を落とす「突き落とし」の作業に従事した。こうして四四か村が「御栗林」に関する何らかの作業に参加し、その代わりに残栗の配分を受ける仕組みが整えられたのである。なお、風折れや立枯れにより木の数が減った場合は、川崎家が歴代にわたり苗木を用意するしきたりになっていたという。

農民たちの食糧確保を意図した平右衛門によるクリの植栽は、田沼時代の勘定奉行石谷《いしがや》清昌により農村植林の成功事例として評価され、全幕領へのクリ・マツ植林勧奨策として広められていくことになる。

【参考文献】

筒井迪夫『日本林政史研究序説』（東京大学出版会、一九七八年）、佐藤孝之「近世中期の幕府造林政策と村方の対立」（徳川林政史研究所『研究紀要』昭和五五年度、一九八一年）、武蔵野市編『武蔵野市史 続資料編 三』（武蔵野市、一九八六年）、大友一雄「幕末期関東筋御林の機能と支配」（徳川林政史研究所『研究紀要』昭和六二年度、一九八八年）、同「〔史料紹介〕幕府御林奉行山岡伊織著『諸木聞見録・諸木養育録』」（徳川林政史研究所『研究紀要』二四、一九九〇年）、安藤優一郎「近代都市東京の水源涵養策」（『史観』一四六、二〇〇二年）、田原昇「長崎奉行兼帯勘定奉行石谷清昌による差木事業」（徳川林政史研究所『研究紀要』三九、二〇〇五年）、「公文録 明治九年 第九十七巻」（国立公文書館所蔵）

（太田尚宏）

二　天竜川流域の治山治水と金原明善

1　「暴れ天竜」と金原明善の治水活動

諏訪湖を源流とする天竜川は、長野・愛知・静岡三県にまたがる延長二一三キロメートル、流域面積五〇五〇平方キロメートルを誇る日本有数の一級河川である。古くから洪水が頻発していたことでも知られ、「暴れ天竜」の異名もとっていた。川の流域は多くの断層が走っているため土地が崩れやすく、洪水時は大量の土砂が激流に押し流され、下流の住民へも甚大な被害をもたらした。「災害は忘れた頃にやってくる」というが、天竜川流域に暮らす人々にとっては、災害は常に隣り合わせだったのである。

天竜川のほとり遠江国《とおとうみのくに》長上郡《ながかみぐん》安間村《あんまむら》（静岡県浜松市）の名主の家に生まれた金原明善《きんぱらめいぜん》（弥一郎・天保三年〈一八三二〉～大正一二年〈一九二三〉）も、少年時代から洪水に苦しんできた一人であった。「私明善儀、祖先以来天竜川近傍に居住し、古来水害を被《こおむ》る事幾回《いくかい》」「何卒《なにとぞ》此《こ》の災害を免《まぬが》れ候様致し度《たく》」（「金原明善翁家産献納稟請書」金原治山治水財団編『金原明善　資料　下』）というのが、明善の治山治水《ちさんちすい》活動の原点だった。ここでは、明善の治水事業を振り返りつつ、その治山活動をみていこう。

まずは、治水、すなわち天竜川の河川整備について概観しよう。

慶応四年（一八六八）五月の大洪水は、明善の生涯における大きな転機だったという。これを機に、明善は公益を意識した活動を展開していくことになった。この洪水は、天竜川下流の東西両岸の広い地域を水浸しにしたが、成立したての明治新政府は、財政基盤が確立していなかったため、周辺の旧旗本領や寺院・豪農に上納金を命じて、対策を講じるしかなかった。水害地域の名主らとともに、新政府から堤防御用掛に任じられた明善も、八〇〇両を献納しつつ、復旧工事に当たっていった。その功により、明善は静岡藩や浜松藩の堤防方に採用される。しかし、各藩庁では役人の交代も頻繁で、堤防工事が進捗《しんちょく》しないまま、明治四年（一八七一）の廃藩置県《はいはんちけん》を迎えることになった。

結局、明善は「衆心一致の事にあらずんば成りがたし」（「予防水患策序」『金原明善 資料 上』）として、明治八年、同志とともに治河《ちか》協力社という有志団体を組織し、周辺住民からの出資金を元手に公益事業を起こそうと試みる。

図Ｖ－２－１　金原明善肖像

金原明善記念館所蔵。

しかし、出資金はほとんど集まらず、社の存続すら危機に陥った。そこで明善は、自身の家財六万三〇〇〇円余を政府に献納し、それを堤防修繕費の一部にあて、そのうえで一定の額を治水工事費として治河協力社に下賜して欲しいと、政府に嘆願するという起死回生の策に出たのである。政府に財源がないのなら、自費をもってその一部を負担しようという大胆な発想と行動であった。

明善の必死の願いが聞き届けられ、明治一一年、静岡県から治河協力社に一定の交付金が支給された。これによって天竜川の治水工事を請け負った明善は、物資流通の便も考慮し、河身改修工事も計画していく。しかし明治一四年、県下河川の堤防工事は県費負担とされ、社の活動は早くも制限されていった。さらに国家整備が進んだ明治一八年に、内務省土木局による天竜川直轄工事が開始されると、社の存在意義も消滅し、治河協力社は解散へと追い込まれてしまうのである。その結果、明善の献納金も下げ渡されることになり、その下賜金を資本に、明善は新たに治山活動に着手していくことになる。

2　明善の治山思想と豪農

天竜川の治水事業を途中で断念せざるを得なくなった金原明善は、植林や造林を通じて山を整備し、水害への恒久的予防を図ろうと治山活動にその身を捧げていくことになった。明善はいう。「国土は譬《たと》えば山を以《もっ》て骨格と致し、川を以て筋脈となせる有様《ありさま》にて、国土の経営は、先ず第一に山川を治むることこれ有るべし」と。そのうち、「筋脈」のひとつである天竜川河身改修・治水工事は国家事業となったが、その水源にあたる山林は、「往々荒廃」に陥り、「国家の健康」が損なわれている。明善は「荒廃の山林を改良して水源を涵養《かんよう》し、一は以て治水の根基を固め」ることが重要であると考えた。そのうえで「荒廃無価の山林」を「有価の良森林」として蘇らせれば、「国利民福を増益するは小少の事にこれ有る間敷《まじく》」とも断言する。まさに森林の持つ国土保全機能と産業的機能との両立を図ろうとする発想であった。天竜川の洪水対策として、明善は短期的・応急処置的な治水事業から一転、長期的・根本的な治山活動へと、舵《かじ》を切っていったのである。自身をして「川より転じて山を治むる」と述べているとおりである（「林道開鑿に関する建白書」『金原明善　資料　上』）。

こうした発想に至ったのは、植林の準備にあたって指導を仰いだ各地の豪農・山林地主からの影響も大きかったと考えられる。明治一八年（一八八五）八月頃、明善はまず、三河国北設楽郡《きたしたらぐん》稲橋村（愛知県稲武町《いなぶちょう》）の庄屋古橋暉兒《てるのり》（源六郎・文化一〇年〈一八一三〉～明治二五年〈一八九二〉）を訪ね、植林についての意見を求めている。古橋は天保の飢饉を受けて、その備えとして領民にスギやヒノキの植樹を奨励し、窮民救済・共存共栄の林業をめざしたことで知られる人物である。さらに、「百年計画の植樹法」を掲げて、植林による富国の実現も目指していた。明善へも共存共栄の林業を説いたといわれる。三河から帰った明善は、すぐに植林候補地選定のため天竜川流域の山林視察に出かけた。この時協力したのが、周辺の地理に詳しい豊田郡浦川村（静岡県浜松市）の名主矢高濤一《やたかとういち》（文政三年〈一八二〇〉～明治三三年〈一九〇〇〉）であった。幕末期には、明善と同様私財を投じて天竜川の水防問題に関わった人物で、植林事業でも明善を支えていくことになる。

忘れてはならないのは、奈良県吉野郡川上村の大山林地主土倉《どくら》庄三郎（天保一一年〈一八四〇〉～大正六年〈一九一七〉）の後援である。土倉は江戸時代から吉野地方に見合った体系的な造林法や技術を確立し、明治以降、全国の森林育成に大きな影響を与えたことで著名な人物である。治山政策に関心を寄せていた農商務《のうしょうむ》大輔《たゆう》の品川弥二郎も、吉野林業に注目していた一人であった。明善は、明治一七年～一八年頃に土倉へ手紙を寄せ、「野生《やせい》（明善のこと）は、従来治水の事に付聊《いささ》か微力を尽くし居り候処、水理の事たるや、御承知の通り山林の興廃に密接の関係これ有り候より、頗《すこぶ》る愛林の感覚を惹起《じゃっき》し…愛護の方法を企て居り候えども、何分経験に乏しく、共々着手の途に迷ひ遅渋《ちじゅう》罷り在り候」と述べ、指導を仰いでいる（一一月二八日付、土倉祥子『評伝土倉庄三郎』）。そして、手紙を出した後にも、材木商出身の同志であった辻（後に杉浦と改姓）五平を吉野に派遣し、吉野の林業技術を学ばせ、自身の植林事業に活用していったのである。

3　注目された官林改良

上記のような江戸時代以来の豪農同士の交流をもとに、明善は植林地として遠江国豊田郡瀬尻村《せじりむら》（浜松市天竜区龍山町《たつやまちょう》）の官林六〇〇町歩を選定し、明治一八年（一八八五）一〇月二三日、農商務省山林局静岡山林事務所宛に官林改良の委託願いを提出した。そこでは、明治二〇年から同三四年までの一五年間に、スギ・ヒノキ計二七〇万本を植え付け、終了後四、五年間は自ら下刈《したが》りなどの手入れを施し、森林を改良したうえでこれを政府に献上する旨計画を立てていた。

願書において明善は、近年天竜川沿岸の森林が濫伐《らんばつ》され、緑の山ははげ山へと変わり、ややもすれば洪水の恐れがあると現状を述べている。そのため、「沿岸の尤《もっと》も治水に適切の関係を有する広漠の森林を養成し、以て河害を予防せんことを企図し」、沿岸を踏査したところ、瀬尻の官林は山は急峻、地質は脆弱《ぜいじゃく》、樹木もまばら、といったありさまで、まさに「土崩《どほう》の患無きを保せず」という危険性があった。そのため、「樹林蕃殖《はんしょく》の御委託」を蒙《こおむ》り、一五年間で成果をあげ、「土砂を扞止《かんし》し、河政を裨補《ひほ》」することにあずかりたいと願い出たのである。さらに、自らが率先して「造林の模範」を示すことで、「沿岸人民を勧導《かんどう》して、其の顰《ひそみ》に倣《なら》はしむる」というように、周辺住民が自分の真似をし、造林・緑化が浸透していくことを強く期待していった（「官林改良御委託願」『金原明善 資料 上』）。

この年の一二月四日、静岡山林事務所から植林の許可が下りると、生涯にわたる明善の治山活動が本格化していった。明善の活動については、一地域のそれに留まらず、農商務省の品川弥二郎が理解を示すように、国家・政府から注視されていたことも特徴的であった。

前述のように、品川は吉野林業にも関心を示しており、明治政府の政治家・官僚のなかでも、とりわけ山林の維持・育成に腐心《ふしん》していた人物の一人であった。農商務省の中心であった品川が、殖産興業や文明開化政策に軸足を置いて、山林の効用を説いていったのはいうまでもないが、それだけではなく、大気を清浄に保ち水源を確保するといった自然の作用にも関心を寄せ、山林こそが「人類の為めに無量無限の幸福を貽《のこ》す」と断言しているのは、無視できまい。まさに「富在山林《とみはさんりんにあり》」と自書するとおりなのである（図V－2－2参照）。しかも、品川は山林を保護しなければ、薪炭《しんたん》などの日用品が欠乏し、鉄道敷設や電線架設など近代日本建設にも支障を来すだけではなく、災害を招来しかねず、国民生活にも大きな影響を与えるであろうと危惧していたのであった。だからこそ濫伐を戒《いまし》め、荒れた山を整備する必要性を論じ、「山林の事、専ら官の保護にのみ委《ゆだ》ぬべきものかは、苟《いやしく》も有志たらんものは、自から奮って相共《あいとも》に改良蕃殖の道を講ぜずばあるべからず」（奥谷松治『品川弥二郎伝』）と宣言し、官民挙げての山林整備・国土保全を提唱していったのである。

こうした品川であれば、明善の治山活動に賛同するのは当然で、実際に明治二一年には、植林状況を視察するため、瀬尻を訪れている。そして翌二二年九月一日、瀬尻官林は御料林《ごりょうりん》（皇室所有の山林）へと編入され、翌二三年三月六日に明善は御料局顧問官に任じられるなど、国家から大きな期待が寄せられていくのであった。

ところで、明善の植林事業とはいっても、明善自身は東京を拠点に

図V－2－2　明善に贈られた品川弥二郎の書「富在山林」

金原明善記念館所蔵。「為金原翁　やじ書」と書かれている。

為替《かわせ》会社を経営し、資金提供を行うなどして事業全般を統轄していたので、直接的に現場を指揮監督していたのは、吉野林業を実見した経験を持つ辻（杉浦）五平であった。しかし、辻は明治二一年に急逝、その後は長上郡《ながかみぐん》北島村（浜松市東区）の八幡神社（八柱《やばしら》神社）の祀官《しかん》大橋家に生まれ、浜名郡篠原村（浜松市西区）の豪農鈴木家の養子となった鈴木信一《のぶいち》（慶応元年〈一八六五〉～昭和一八年〈一九四三〉）が、現場の指揮権を引き継いでいった。

この鈴木がいうには、明善の植林前の瀬尻は、主に萱野《かやの》で谷にはツガ・アカマツ・ブナ・モミ・ナラなどの天然林が鬱蒼《うっそう》と茂り、山犬が繁殖していたという。当時はモミ・アカマツに値はつかず、これらを伐倒し、枝を刻んで焼き払って地拵《じごしら》えをして、スギ・ヒノキの苗を植樹していったとされる（図Ｖ－２－３参照）。そして、「初年は苗がありませぬから二俣の一里ばかり下の小林平口抔《など》と云ふ所から苗を取て植へ…（明治）廿年《にじゅうねん》に杉・檜《ひのき》の樹種を吉野から二石八斗取り寄せ播《ま》きましたのが、二十三年に山へ出る様になった、それを瀬尻の事務所附近の御料地と金原林《きんぱらりん》とへ植へました」（鈴木信一「瀬尻植林の沿革（弐）」）とあり、スギやヒノキの樹種は吉野から取り寄せていたことがわかる。ちなみに、ここに出てくる「金原林」というは、瀬尻官林（御料林）とは別に、明善が買い入れた周辺の山林のことで、神徳山・北山・新開山・樽山・橿山・神妻山・戸口山・福沢山・京丸山など、面積総計約三〇〇〇町歩の山々の総称である。明善は、この金原林の一部を寄付して明治三七年（一九〇四）に財団法人を設立、現在の一般財団法人金原治山治水財団の基本財産となった。

明善とその同志たちによる瀬尻植林は、当初の予定よりも四年早く林相《りんそう》の改良が終了し、明治三一年一二月に御料林の引き渡しが完了した。植付面積は七五九町七畝九歩、植栽樹数はスギ・ヒノキ合計二九二万二四九本にもおよんだ。本来であれば、国家が経営すべき官林（御料林）を、江戸時代以来の豪農が委託を受けて整備している事実は注目できよう。

御料林引き渡し後、鈴木は明善に宛てた手紙において、「明治十八年創業以来十四年間、経営の事業少しも過失なく、全山の改良完《まった》く其の効を終り、本日御指令に接し無事引き渡し候段、閣下の素志御満足は勿論、金原家栄誉の為実に特筆、大書して永く山林の記録に留存す可《べ》き吉祥日にこれ有り」（明治三一年一二月二五日付書翰『金原明善 資料 下』）と最大級の祝いの言葉を述べたのであった。

4　全国緑化の夢

明治以降、明善が植林事業を始めたきっかけが、江戸末期の水害体験を受けての天竜川治水にあったことは疑いない事実である。明善による天竜川流域の治山事業は、山の荒廃を食い止め、森林の持つ水土保全機能を維持させた点で、防災上の意義を持ったと評価できるだろう。ただし、明善は一地域における森林育成のみに終始していたわけではなく、全国全土の山々の緑化を理想としていたところにその本領があった。

図Ⅴ－２－３　植林に関わった人

金原明善記念館所蔵。右側の人が持っているのは下刈り用の鎌。明善の植林事業の過程で考案され「金原鎌《きんぱらがま》」と称された。一般の鎌よりも刃のつけ根の部分が長く、折れにくいのが特徴である。柄が長かったため腰を曲げずに作業ができた。

だが、これを実現するためには個

人の力だけでは限界があり、植林事業を国家規模にまで拡大する必要があった。いくら造林の模範を示しても、森林こそ「富の宝庫」であることが実感されない限り、植林従事者は増えることはない。したがって明善は、森林が生み出す材木という商品を、有利に市場に結びつけるため、迅速・安全・正確・安価な陸上輸送に着目し、運輸会社を設立していった。さらに、素材のままの丸太を提供するのではなく、加工による製品価値の向上と利潤増進に努め、製材技術の普及化も図っていった。まさに植林・運送・製材の三者を有機的に結びつけて、林業に対する世人の関心を喚起《かんき》させ、林業振興と森林育成とを循環させようと試みたのである。

また、植林事業を継続させるためには、林業経営の指導者・技術者となるべき人材が不可欠だとして、人材養成のための学校開設にも期待を寄せていった。明治三五年（一九〇二）九月、静岡県山林協会が林業講習所を開設すると、明善は「人無くんば資本ありといえども施設の道なし」と言い、その開設を祝うとともに、「学と実とを調和し活用する」人材を速やかに養成しなければならないと意見を具申した。すなわち、「泰西《たいせい》（西洋）林学日月上進、従来丁字《ていじ》を解せざる工夫《こうふ》の、徒《いたず》らに故習《こしゅう》に泥《なず》み、日新の学理に伴ない難き者あるべく、而《しこう》して専ら論弁を机上書冊の間にのみ逞《たくまし》うせし学士も、亦《また》往々栽植培養の実際に通じ難き者あり、学と実とを調和し活用する工手を簡捷《かんしょう》平易に養成すること、亦《また》目下林業の緊急問題とす」（「人名記 下」『金原明善 資料 上』）と指摘するように、「日新の学理」に通じた「学士」でありながら、「工夫」のように「栽植培養の実際」に通じた、バランスの取れた「工手」を養成することが急務であると論じているのである。西洋林学の新知識を無批判に受け入れるのではなく、樹種や地質、気候を踏まえて、その土地・地域に見合った技術を見極め、植林事業を遂行できる人物こそ、明善が求める人材だったといえるだろう。

明善の後半生は、森林思想を各地に普及・浸透させるための講演行脚《あんぎゃ》の日々であったが、ある講演で明善は樹木の特徴を以下のように評し、讃えている（『明治百年林業先覚者群像』）。

樹木ほど国土と人民とに利益を与えているものはあるまい。その自然の作用からいえば大雨霖雨《りんう》の時も、枝と葉と幹とに出来るだけ露を貯えるから、一時に水を流すことがない。その根が十分播結交叉《こうさ》しているため、土砂を流すことが甚だ少ない。水を吐かず土砂を流さぬから従って出水の憂いもない。旱天《かんてん》には木と葉に貯えている水を追々吐き出すから田園の用水を次々に支給する。…これを人工の上からいうと、植え付けに多くの人を使用する。その賃金で労働者が潤《うるお》う。それから下刈手入れ間伐《かんばつ》にも皆人夫を要する。年を経て輪伐《りんばつ》を始める時は人手・機械に莫大な賃金を支出する。材木になってからは川陸海とそれぞれ運搬の労力を用い、使用地に達するまでに多くの利益賃金を筋道に落して行く。上は宮殿楼閣《きゅうでんろうかく》から下は長屋小屋に至るまで、いやしくも家のある所には必ず樹木の必要を生ずる。…始め山を出てから千万里の遠きに至るまで一刻一秒も国と人とに利益を与えぬことはない。

図Ｖ－２－４　現在の瀬尻国有林の様子

写真提供：金原明善記念館。

大正一二年（一九二三）一月一四日、明善は数え九二歳の生涯を閉じた。戒名は天龍院殿明善勲大居士。公益を意識し、治水から治山へと活動の幅を広げ、国土保全と産業育成とを関連づけて林業の振興を説いた明善であったが、その起点が幕末期の水害体験を受けての天竜川の治水にあったことは、その戒名が如実に示している。

トピック　天竜川流域の屋敷地と屋敷林

「暴れ天竜」の猛威にさらされていた江戸から明治期、その流域に暮らす人々は、常に川の決壊による洪水を意識し、水害から屋敷を守るために、日常的に備えを怠ることがなかった。防災上特徴的なのは、屋敷地をより高い土地に求めること、ついで屋敷地を盛土《もりつち》すること、こうした対策を日頃から行い、少しでも水害を回避できるように努めていったのである。川の下流域の豪農のなかには、盛土が崩れないように、川から運んできた川原石を石積みする家も見られ、明治以降はそれに漆喰《しっくい》を加えたものも登場した。

また屋敷林によって、屋敷を守ることも水害対策として重要であった。屋敷林は防風・防潮・防火など様々な機能を持っているが、天竜川の流域においては洪水対策としてあったところに特徴がある。したがって、単に樹木を並べて、屋敷を囲む生垣《いけがき》では、その用に耐えられず、天竜川の激流から屋敷を守るために、堅固な防衛策が必要であった。そのためこの地域の屋敷林は、クロマツ・シイ・ツバキ・カシ・タケなどの何種類もの樹木が植えられた混交林であり、森のような重装備の屋敷林がみられたのである。

しかし、土木技術の進歩とともに、明治以降の治水・治山事業によって「暴れ天竜」の猛威も徐々に収まってくると、重装備の屋敷林から、簡便で美観も重視したマキを中心とした生垣に移行していったようである。遠州地方は冬期にからっ風が吹くことで知られるが、マキ中心の屋敷林はまさに防風林としてのそれであったと考えられる。

洪水対策から防風林へ、天竜川流域の屋敷林はその用途によって時代ごとの変化が認められるのである。

【参考文献】

鈴木信一「瀬尻植林の沿革（弐）」（『大日本山林会報告』二一五、一九〇〇年）、奥谷松治『品川弥二郎伝』（高陽書院、一九四〇年）、土倉祥子『評伝土倉庄三郎』（朝日テレビニュース社出版局、一九六六年）、金原治山治水財団編『金原明善 資料 上・下』（金原治山治水財団、一九六八年）、『明治百年林業先覚者群像』（大日本山林会、一九七〇年）、磐田市誌シリーズ「天竜川流域の暮らしと文化」編集委員会編『天竜川流域の暮らしと文化 上』（磐田市史編さん委員会、一九八九年）、鈴木賢哉・田中隆文「金原明善による天竜植林の防災的意義」（『水利科学』二九六、二〇〇七年）、田中淳夫『森と近代日本を動かした男』（洋泉社、二〇一二年）

（藤田英昭）

三　森林法の制定と保安林制度の成立

1　明治初期の官林払い下げとその撤回

明治維新と、それにともなう諸変革によって、新しい国家統治の仕組みが整えられていくなか、国土の大部分を占めた森林についても、さまざまな政策が打ち出された。はじめこそ短期間のうちに方針が転換したが、政府の森林政策は、やがて一つの考え方に沿って推進されていくようになる。その考え方とは、水源涵養《かんよう》や土砂扞止《かんし》などの「国土保安」機能を確保しつつ、「殖産興業《しょくさんこうぎょう》」などによる木材需要の高まりに応えるためには、体系的な法律を整備し、全国の森林を適切に管理することが大切である、というものであった。こうした発想が具体的な形となって表れたのが、明治三〇年（一八九七）に公布された森林法である。本稿では、こうした明治期における森林政策の展開を、特に「国土保安」機能の確保という側面に着目してたどってみたい。

戊辰《ぼしん》戦争における幕府直轄領の接収や、明治二年の版籍奉還《はんせきほうかん》を契機に、新政府は「御林《おはやし》」などと呼ばれていた旧領主林を「官林《かんりん》」として再編した。明治初期の森林政策は、この官林に重点を置いており、同四年七月になると、民部省は「官林規則」を布達して経営の基本方針を示した。この規則は、立木が生育していない場所へは植林し、生育している場所は保護して、眼前の利益を求めた伐採《ばっさい》はしないこと（第一条）、マツ・スギ・ヒノキなどは「国家必用の品」であるため、保護に尽力すること（第四条）、「水源の山林」は乱伐《らんばつ》しないこと（第六条）などを定めたものである（「太政類典　第一編　慶応三年～明治四年　第九十六巻」国立公文書館所蔵）。ここからは、良材の確保や水源の涵養を目的に、官林を保護・育成しようとする政府の意図が読み取れよう。

ところが、官林規則の布達と同じ七月に民部省が廃止されると、森林の管轄を引き継いだ大蔵省は、右の方針に反して積極的に官林を払い下げ、その代金を牧畜などの資金に振り向ける姿勢をとった。同省は、翌八月に「荒蕪不毛地《こうぶふもうち》払下規則」を制定し、官林のうち荒廃地や無立木地《むりゅうぼくち》は入札の上で払い下げることとし、さらに同五年五月には「官有地払下規則」を布達して、立木が生育している場所さえも入札の対象としたのである。

しかし、こうした方針転換は、政府内で議論を尽くした結果ではなかったようである。例えば、工部少輔《こうぶしょう》代理の佐野常民《つねたみ》は、明治五年七月、立木地の払い下げを許可すれば官林は荒廃し、洪水で堤防が壊れたり、土砂が流出したりすると訴えた。さらに佐野は、工部少輔代理という立場から「造船・鉄道、其《そ》の他諸営作」に必要な材木が欠乏すること、「金属熔煉《ようれん》の工業を隆起《りゅうき》すべきの時」木炭が不足して価格が高騰することなどを力説し、払い下げの差し止めを建言した（「公文録　明治五年　第五十八巻」国立公文書館所蔵）。この結果、明治六年七月には、荒蕪不毛地払下規則と官有地払下規則が撤回され、官林の払い下げは原則的に禁止された。さらに、同年九月には「元来山林は啻《ただ》建築の用材に供するのみにこれ無く、風雨寒暑を調和し、水旱《すいかん》涸溢《こいつ》を節するの功少なからず」との認識から、水源涵養や土砂扞止などのために保護すべき官林の調査が開始された（「公文録　明治六年　第百四十巻」国立公文書館所蔵）。こうした官林の払い下げと撤回をめぐる一連の出来事は、その後、政府内で森林の役割と、それを発揮させるための法整備について、議論を深める契機になったと考えられる。

2　森林をめぐる法整備への動きと「国土保安」

明治七年（一八七四）一月、大蔵省にかわって内務省地理局が森林を管轄するようになると、次第に法整備への動きが活発になった。翌八年五月には、「殖産興業」の立役者として知られる内務卿《ないむきょう》の大久保利通《としみち》が、太政《だいじょう》大臣の三条実美《さねとみ》へ「本省事業の目的を定むるの議」と称した建議書を提出した。ここでは、同省が緊急に着手すべき事柄として、農工商の奨励と地方の取り締まり、海運の整備とともに「山林保存・樹木栽培」があげられている（日本史籍協会編『大久保利通文書　六』）。これにともない、内務省は山林局を同省に新設して森林に関する全ての事務を管掌《かんしょう》させるよう提案し、さらに全国の森林を対象にした全三九条の「山林規則」を起草した。

それでは、右の建議のなかで、森林はどのようなものとして位置づけられたのであろうか。この点を、山林規則制定の意図が示された、「山林を保護するは国家経済の要旨たるの議」という史料から確認してみよう。同史料では、森林は水源涵養や防風・防潮、土砂扞止といった「土地の利害」を左右する機能と、船艦の製造や鉄道の配備、官舎の建設、道路・橋梁《きょうりょう》の整備、堤防の工事などに必要な良材の供給という「国用の利害」に関わる機能を持ちあわせたものと説明されている（大山敷太郎「山林保護に関する大久保内務卿の論議」）。結果として、このときの建議内容はすぐには実現しなかったが、「殖産興業」の推進が声高に叫ばれるなか、良材の供給だけでなく水源涵養や防風・防潮、土砂扞止という観点から、森林の保護が目指された点は注目に値しよう。

これに関連して、明治九年七月に内務省が太政大臣へ上申した「官林調査仮条例」をとりあげる（図Ⅴ－３－１参照）。この条例は、官林の状況を「山林絵図面」や「官林帳」といった一定の様式で報告するよう命じたもので、第二条には保護・育成すべき森林として、「水源涵養」「土砂止め並びに頽雪《たいせつ》止め」「風・潮除《よ》け」「土地の風致《ふうち》を

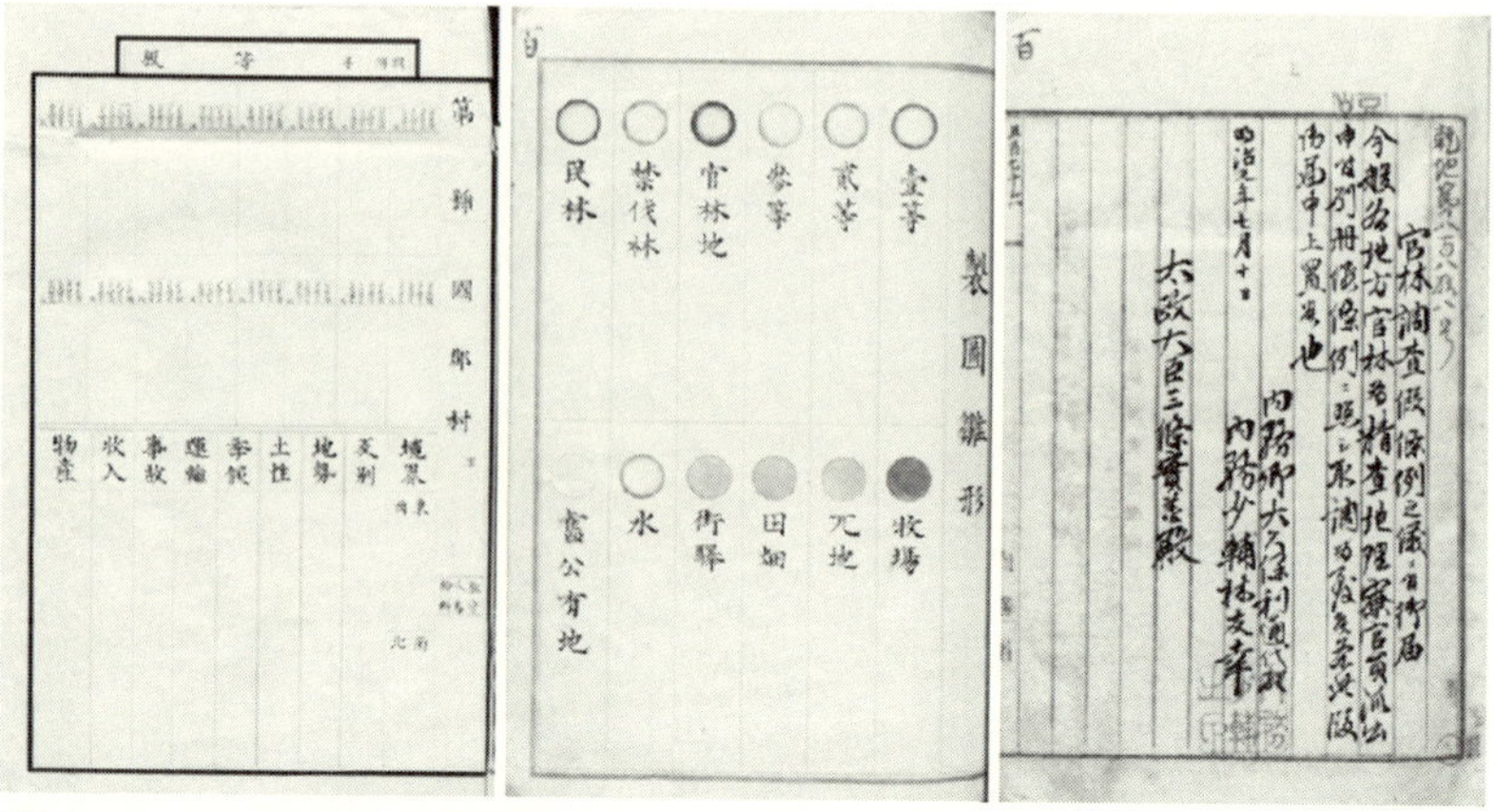

図V－3－1　官林調査仮条例

「公文録 明治九年 第百三十一巻」（国立公文書館所蔵）より。右：内務卿代理の林友幸が、同条例を太政大臣の三条実美に上申した際の史料。中央：山林絵図面の雛形。官林（一等～三等）や禁伐林などの色分けが指示されている。左：官林帳の雛形。生育する樹種や幹廻りの寸法、境界、物産などを記入する欄がある。

装飾するもの」「魚附場《うおつきば》」「廻船の目標となる者」「名所・旧跡ある者」「国郡村市の境界を表する者」「道路並木の代用をなす者」「用材」「堤防・橋梁の用材に備ふる者」「鉱山用林」「薪炭材並びに人民営業に関する者」が掲げられている。また、第一二条では「水源涵養・土砂扞止等の如き、全く国土の保安を計り存養する」森林は、禁伐林《きんばつりん》に指定するよう定められた（「公文録 明治九年 第百三十一巻」国立公文書館所蔵）。本条例は、対象を官林に限ったものではあるが、「国土の保安」を担う森林の保護・育成が、明確に打ち出された点で重要である。

明治一二年五月、内務省内に念願の山林局が設けられると、法整備への動きはさらに加速した。翌六月には同局内に林制掛が置かれ、森林に関する法律案の作成と、江戸時代における法令や慣習の調査がはじまったのである。さらに、同一四年四月に内務省から農商務省へ山林局が移管されると、同局内の林政課で法律の起草が推進された。

一方で、この間には民有の森林についても、重要な施策がとられている。明治一三年一二月には、内務省が府県に対して、森林は「国家経済上最も忽《ゆるが》せにすべからざる」もので、施策を誤れば「寒暑の序を失ひ、水旱の禍《わざわい》を招き」、「全国殖産の道を妨げ」るとし、官有・民有の別なく「山林の荒衰を挽回」するよう通達している（『太政類典　第四編　明治十三年　第十八巻』国立公文書館所蔵）。ここでは、気温の調節や水源の涵養といった森林の機能が、「殖産興業」を推進する前提条件として捉えられている。また、同一五年二月には、太政官が「民有森林の中、水源を養ひ、土砂を止め、又は風・潮を防禦《ぼうぎょ》し、頽雪《たいせつ》を支拄するの類、国土保安に関係ある箇所」は、実地の状況によって伐採を停止する旨を布達した（『公文類聚　第六編　明治十五年　第五十六巻』国立公文書館所蔵）。こうして伐採が停止された森林は、先述した禁伐林と区別して伐木停止林《ばつぼくていしりん》と呼ばれた。この頃には、民有の森林に対しても、「国土保安」を理由とした伐採規制が掛けられたのである。

明治一五年五月になると、林政課で作成されていた「森林法」の草案が完成し、農商務卿の西郷従道《つぐみち》によって太政官へ提出された。この草案は、官有・民有を問わず全国の森林を対象としたもので、全一〇編・全二〇一条と豊富な内容を持つが、ここでは「国土保安」に関わる第四編に注目しよう。これによると、「水源を涵養する林」「土砂を扞止し巌石を支持する林」「風・潮・頽雪又は水害を防止する林」「魚附に関する林」「廻船又は測量の目標となる林」「城堡《じょうほう》又は要害に関する林」「社寺・公園又は名所・旧跡《きゅうせき》の風致を装飾する林」「国郡村市の経界を表する林」「道路の並木に代用する林」の九種類は「保存森林」とされ、これらの森林では竹木の伐採や鉱物・土石の採掘、牧畜、開墾を原則として禁止するとされた。ここで見逃せないのは、この草案作成にあたって「地方官の意見」「欧州現行の法律」とともに「旧藩施政の跡」が参考にされた点である。第四編では、一六府県（のべ二七府県）の旧藩慣例がとりあげられている（『林業発達史資料　第五〇号』）。数字としては多いといえないであろうが、ヨーロッパ諸国の法律とともに、江戸時代の慣例が参照されたことを重視したい。ただし、この草案は実現せず、同一八年にも修正案が作成されたが、公布されるには至らなかった。森林に関する体系的な法律の制定は、それから一〇年以上の歳月を経てようやく実現するのである。

3　森林法の制定と保安林制度の成立

明治二九年（一八九六）一月、「森林法」の法案が第九回帝国議会へ提出された。この間には大日本帝国憲法が発布され、貴族院と衆議院からなる近代的議会が成立している。同法案が衆議院の議題に上った二四日、農商務大臣の榎本武揚《たけあき》は演壇に登り、法案提出の理由を次のように説明した（『帝国議会衆議院議事速記録 一〇』）。

諸君御承知の通り、森林は水源を養ひ、土壌を肥やし、国土の保安は勿論、農工業百般の経済より延《ひ》いて日用の助を為しまする所の一大要素でありまするから、これを保護するに完全なる制度を設けねばならぬと云《い》ふことは、今更喋々《ちょうちょう》するまでもないことでござりまして、殊《こと》に我国森林の面積は新領地を除きまして凡《およ》そ二千三百四十余万町歩、即ち全土面積の大半を占めて居りますゆへ、国家経済上最も注意せねばならぬと云ふことは無論であります

ここでは、森林は「国土の保安」や農工業、毎日の暮らしに不可欠なものであるとされ、さらには森林が国土面積の大半を占めるとの理由から、それを保護するための制度を樹立すべきことが説かれている。続けて、江戸時代には「各藩共にそれぞれ適宜の法令」があり、「森林の取り締まりより伐採の制限、植え付けの方法抔《など》も頗《すこぶ》る見るべきもの」があったが、明治維新によって「旧藩の林制」が廃止され、政府もわずかなものを除いては「完

全なる法律」を定めてこなかったとする。その上で、榎本は森林の現状と課題を次のように訴える。

遺憾《いかん》ながら官林・民林共に年を逐《お》って荒れ廃《すた》れ、其の結果として水源は涸れ、山地は崩れ、旱魃《かんばつ》・水害交々《こもごも》臻《いた》りまして、各地方に彼の治水の困難を惹起《じやつき》すが如《ごと》き弊害を見るに至りました、加ふるに又維新以来殖産興業の道が次第に発達すると共に社会一般材木の需用が頓《とみ》に増加致しましたに附き、其の供給力も亦《また》従って豊かならねばなりませぬ、旁々以《かたがたもっ》て従来の弊害を矯正《きようせい》すると同時に森林の増殖を奨励することが国家緊急の要務と相成《あいな》りました

右によると、官林・民林ともに森林の荒廃が進み、山地の崩壊や水害が頻発するようになった。また、「殖産興業」によって材木の需要が急増したため、その供給力も高めねばならない。そこで、森林を保護・育成することが緊急の課題とされたのである。そして、榎本は「森林法の制定は最早一日も緩《ゆる》うすることは出来得ぬ」とし、「国家百年の経済上のために、速やかに本案を御協賛あらんことを希望致します」と締めくくる。しかし、この法案は衆議院の審議に時間がかかり、貴族院には送付されたものの、会期の都合で廃案となった。

翌三〇年一月になると、前年審議未了となった法案に修正を加えたものが、第一〇回帝国議会に提出された。再び衆議院議会の演壇に登った榎本は、「諸君御承知の通り、昨年各地方に起こりましたる水難は、実に言ふに忍びざる程の惨毒《さんどく》を逞《たくま》しうしまして、益々《ますます》森林法制定の必要を促し来たりました」と述べている（『帝国議会衆議院議事速記録　一二』）。この水難とは、同二九年に全国的に発生した大水害を指す。このように、森林法の主要な目的は、水源涵養や土砂扞止などの「国土の保安」機能を確保することにあったのである。審議の結果、同法案（全五八条）は衆議院・貴族院を通過し、同年四月六日に公布された（図V－3－2参照）。

この森林法の特徴は、まず「営林《えいりん》の監督」が規定された点にある。私有林であっても、荒廃のおそれがある場

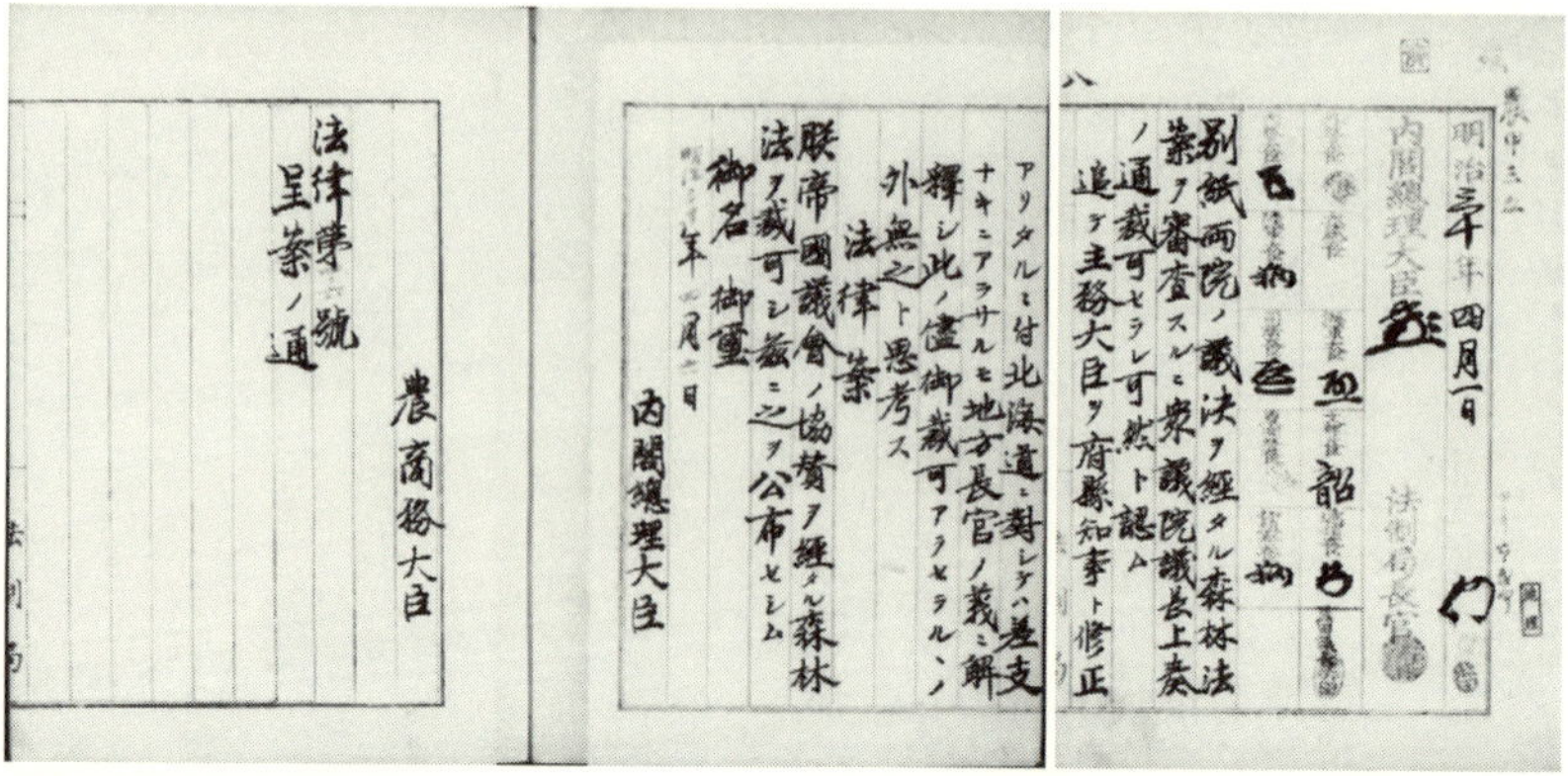

図Ⅴ－３－２　森林法の公布

「公文類聚 第二十一編 明治三十年 第二十六巻」（国立公文書館所蔵）より。明治30年4月6日に森林法を公布する旨が記されている。

合は政府が経営方法を指示でき、その指示に反して伐木した者がいれば、それ以上の伐木を停止して跡地の造林を命じることができた。さらに、「国土保安」のために重要な森林については、開墾を禁止することもできた。

また、最も注目したいのは、「保安林」制度がはじめて体系的に規定された点である。この保安林については、全五八条のうち、約四割にあたる二三か条があてられている。同法では、保安林に編入しうる箇所として、「土砂壊崩《かいほう》・流出の防備に必要なる箇所」「飛砂の防備に必要なる箇所」「水害・風害・潮害の防備に必要なる箇所」「頽雪・墜石《ついせき》の危険を防止するに必要なる箇所」「水源の涵養に必要なる箇所」「魚附に必要なる箇所」「航行の目標に必要なる箇所」「公衆の衛生に必要なる箇所」「社寺・名所又は旧跡の風致に必要なる箇所」があげられ、保安林では皆伐《かいばつ》と開墾が禁止された。また、土石などの採取や樹根の採掘、牛馬の放牧は、府県知事の許可を得ることが定められた。さらに、政府が保安林を買い上げようとするときは、所有者は拒否できない点も明記された。なお、先述した禁伐林や伐木停止林などは、森林法の施行日（翌三一年一月一日）より保安林に編入された（「公文類聚 第二十一編 明治三十年 第二十六巻」国立公文書館所蔵）。

この森林法に附属する法令として同年一二月に出された「保安林取扱心得」では、森林法第八条に基づき、保安林の具体的な名称として土砂扞止林・飛砂防止林・水害防備林・防風林・潮害防備林・頽雪防止林・墜石防止林・水源涵養林・魚附林・目標林・衛生林・風致林の一二があげられている。森林法施行直後における保安林の面積は〔表Ⅴ－３－１〕に示した通りで、土砂扞止林が全体の約七割、水源涵養林が約三割を占めた。

表Ⅴ－３－１　保安林面積の内訳

種類	面積（町）	割合（％）
水源涵養林	153,205	25.675
土砂扞止林	393,682	65.974
飛砂防止林	160	0.027
防　風　林	2,234	0.374
水害防備林	667	0.112
潮害防備林	7,184	1.204
頽雪防止林	2,548	0.427
墜石防止林	167	0.028
魚　附　林	4,596	0.770
目　標　林	5,736	0.961
衛　生　林	14	0.002
風　致　林	26,526	4.445
合計	596,719	100.000

保安林制度百年史編集委員会編『保安林制度百年史』（日本治山治水協会、1997 年）977 頁より。値は明治 31 年度末のもの。

以上のように、水源涵養や土砂扞止、防風・防潮といった「国土保安」機能の確保は、木材の供給とともに、明治初期から森林政策の主要な課題であり続けた。明治三〇年に公布された森林法と、そこで規定された保安林制度は、その課題を解決するために重ねられた取り組みの集大成ともいうべきものであろう。この保安林制度は、ヨーロッパ諸国の法律や学説に強い影響を受けたとされる。しかし、その基底には江戸時代に領主・領民の間で醸成された森林に対する見方、すなわち森林が水源涵養や土砂扞止などに有効であるといった認識と、それに基づいて保安林に該当するような森林が、積極的に保護・育成されてきた歴史的事実（旧慣）が存在したと考えられるのである。

トピック　「治水三法」の制定

明治二九年（一八九六）四月八日に公布された「河川法」と、翌三〇年三月三〇日に公布された「砂防法」、同年四月六日に公布された「森林法」をあわせて、「治水三法《ちすいさんぽう》」と呼ぶことがある。

このうち河川法は、従来の低水工事にかわって、高水工事を中軸とする新しい治水対策を展開していくために定められた法律である。低水工事とは、河川の水位が低い状態を想定して、舟運《しゅううん》と灌漑《かんがい》用水の取水を維持できるよう、その流路を整えて水深を増すことを主眼としたものである。一方、高水工事とは、水位が高い状態を想定し、連続した堤を建設することで洪水の被害を防ぐことを目的とした。この低水工事から高水工事への大転換は、同二九年の全国的な大水害も影響して実行に移されていった。

また、砂防法は、その名の通り土砂の流出を防ぐことを目的とした法律である。同法案は、明治三〇年三月に第一〇回帝国議会へ提出された。その提出理由を述べるため、衆議院議会の演壇に立った内務次官の中村元雄は、薪炭・用材の大量生産や開墾の進展などで、山地が「誠に荒廃の有様」となったため、河川の状態も「誠に宜しからざる有様」であると説き、「将来の荒廃を予防」し、「山地の状態を改良」することは「目下緊急の事業」であると主張する（『帝国議会衆議院議事速記録　一二』）。このように、当時の砂防は治水対策の一環であり、土木工事で土砂の流出を抑制し、河床が高くなるのを防ごうとしたのである。

こうした河川法・砂防法と、森林の力によって土砂の流出や洪水を防ごうとする森林法の三法は、密接に関係し合いながら、近代日本における「治山治水」の制度的基礎となっていった。

【参考文献】
日本史籍協会編『大久保利通文書　六』（東京大学出版会、一九二八年）、大山敷太郎「山林保護に関する大久保内務卿の論議」（『経済史研究』一三―六、一九三五年）、『林業発達史資料　第五〇号』（林業発達史調査会、一九五六年）、林業発達史調査会編『日本林業発達史　上巻』（林野庁、一九六〇年）、筒井迪夫『森林法の軌跡』（農林出版、一九七四年）、筒井迪夫『日本林政史研究序説』（東京大学出版会、一九七八年）、『帝国議会衆議院議事速記録　一〇』（東京大学出版会、一九七九年）、『帝国議会衆議院議事速記録　一二』（東京大学出版会、一九八〇年）、萩野敏雄『日本近代林政の基礎構造』（日本林業調査会、一九八四年）、保安林制度百年史編集委員会編『保安林制度百年史』（日本治山治水協会、一九九七年）、萩野敏雄『官林・官有林野の研究』（日本林業調査会、二〇〇八年）、「治山事業百年史」編集委員会編『治山事業百年史』（日本治山治水協会、二〇一一年）、成田雅美「廃藩置県後の官林伐木規制」（徳川林政史研究所『研究紀要』四七、二〇一三年）

（芳賀和樹）

あとがき

本書は、文部科学省から科学研究費補助金「特定奨励費」の交付を受けて実施した、一連の調査・研究・普及事業の成果である。

当研究所は、前著『徳川の歴史再発見 森林の江戸学』（東京堂出版、二〇一二年）刊行後、市民の関心の高まりなどを受けて、特に江戸時代の〝暮らしを守る森林〟に研究の重点を置き、活動を展開してきた。

江戸時代、洪水・渇水・強風・飛砂・津波などの被害を防ぐ目的で森林が盛んに保護・育成されていたことは、遠藤安太郎氏の編集によって昭和初年に刊行された大著『日本山林史 保護林篇』（上下〈日本山林史刊行会、一九三四年〉・資料〈日本山林史研究会、一九三六年〉）などで既に指摘されていた。同書の編纂・刊行には、昭和初期に当研究所の専任研究員であった川合徳太郎氏も関わっている。

ところが、その後の研究は、ややもすれば材木・薪炭の生産や、林野の所有と利用をめぐる制度史の分析に偏りがちで、遠藤氏らの貴重な成果は、充分に継承されてこなかったように思われる。

そこで、我々は『日本山林史 保護林篇』をはじめとする既存の研究に学びつつ、各地の自治体史等に収録されている〝暮らしを守る森林〟の関連資料を広く収集し、さらに秋田県公文書館・岐阜県歴史資料館などで、従来必ずしも重視されてこなかった関連史料を積極的に調査して、研究環境の整備に努めた。

そして、これらの史資料に基づいて分担者がそれぞれ分析を進め、得られた成果は研究集会における報告などを通して共有し、所内で〝暮らしを守る森林〟の歴史について議論を深めてきた。

こうした調査・研究成果は、インターネットのホームページや毎年発行している『研究紀要』等で発信し、公開講座でも市民にわかりやすく紹介した。たとえば、平成二五年（二〇一三）一〇月には、秋田県公文書館・秋田県生涯学習センターとの共催で、「第二回 徳川林政史研究所 公開講座 in 秋田《改革の幕開け—村と山の復興と秋田藩政—》」を開催し、幸い多数の方々にご参加いただいた。

直近では、同二六年一一月に「徳川林政史研究所 公開講座《江戸と明治をつなぐ〈緑〉の歴史—森林と人の三〇〇年—》」を東京都豊島区教育委員会との共催で企画し、天竜川の治山治水に尽力した金原明善の取り組みなどを紹介した。本書は、こうした調査・研究・普及事業の成果を集約したものである。

本書が成るまでには、各執筆者はもちろんのこと、調査等で当研究所の若手研究生・研究員の多数の協力を得た。また、関係史料の所蔵機関の方々にも大変お世話になった。これら各位に対し、心から感謝の意を表する次第である。

本書を通じて、江戸時代の人々が、いかにして〝暮らしを守る森林〟を育ててきたのかを読みとっていただければ幸いである。

平成二七年三月

徳川林政史研究所副所長
深井雅海

田原　昇（たはら・のぼる）
1972年東京都生まれ。慶應義塾大学大学院後期博士課程単位取得退学。
徳川林政史研究所非常勤研究員・東京都江戸東京博物館学芸員。
主要論文：「近世伊那谷における榑木成村支配の様相」（徳川林政史研究所『研究紀要』第38号)、「享保度林･新立林と私林･民有林の形成」（『農業史研究』第44号）

藤田英昭（ふじた・ひであき）
1973年新潟県生まれ。中央大学大学院博士後期課程単位取得満期退学。
徳川林政史研究所研究員・明海大学非常勤講師・学習院女子大学非常勤講師。
主要論文:「尾張家一四代徳川慶勝の藩政改革と櫨木植栽」（徳川林政史研究所『研究紀要』第43号)、「草莽と維新」（『講座明治維新 第3巻 維新政権の創設』有志舎）

坂本達彦（さかもと・たつひこ）
1976年群馬県生まれ。國學院大學大学院博士課程後期修了。
徳川林政史研究所研究協力員・國學院大學栃木短期大学准教授・横浜国立大学非常勤講師。
主要論文:「明治前期における森林監守人の活動」（徳川林政史研究所『研究紀要』第40号)、「幕末維新期における信州高島藩林目付の活動」（『栃木史学』第28号）

芳賀和樹（はが・かずき）
1986年山梨県生まれ。筑波大学大学院博士後期課程修了。
日本学術振興会特別研究員PD（東京農工大学大学院農学研究院)。
主要論文：「寛政期の秋田藩林政と藩政改革」（徳川林政史研究所『研究紀要』第48号)、「近世阿仁銅山炭木山の森林経営計画」（『林業経済』No.756）

萱場真仁（かやば・まさひと）
1987年宮城県生まれ。学習院大学大学院博士後期課程在学。
徳川林政史研究所非常勤研究員。
主要論文:「弘前藩領における百姓一揆､騒動と義民」（『学習院大学人文科学論集』第21号）

執筆者一覧

竹内　誠（たけうち・まこと）
1933年東京都生まれ。東京教育大学大学院博士課程修了。
徳川林政史研究所所長・東京都江戸東京博物館館長。
主要著書：『寛政改革の研究』（吉川弘文館）、『江戸社会史の研究』（弘文堂）

深井雅海（ふかい・まさうみ）
1948年広島県生まれ。國學院大學文学部卒業。
徳川林政史研究所副所長・聖心女子大学文学部教授。
主要著書：『徳川将軍政治権力の研究』（吉川弘文館）、『日本近世の歴史3　綱吉と吉宗』（吉川弘文館）

菊池慶子（きくち・けいこ）
1955年秋田県生まれ。お茶の水女子大学大学院修士課程修了。
東北学院大学文学部教授。
主要著書：『近世の女性相続と介護』（筆名柳谷慶子、吉川弘文館）、『歴史としての東日本大震災』（共著、刀水書房）

太田尚宏（おおた・なおひろ）
1963年東京都生まれ。東京学芸大学大学院修士課程修了。
徳川林政史研究所特任研究員・人間文化研究機構国文学研究資料館研究部准教授・駒澤大学非常勤講師。
主要著書：『幕府代官伊奈氏と江戸周辺地域』（岩田書院）、『古文書解読事典〔改訂新版〕』（共編、東京堂出版）

白根孝胤（しらね・こういん）
1970年東京都生まれ。中央大学大学院博士後期課程修了。
徳川林政史研究所特任研究員・中京大学文学部准教授。
主要論文：「名古屋城庭園の植栽空間と徳川斉朝」（徳川林政史研究所『研究紀要』第48号）、「尾張家年寄の官位叙任過程と公武関係」（『尾張藩社会の総合研究 第5篇』清文堂出版）

栗原健一（くりばら・けんいち）
1971年埼玉県生まれ。立正大学大学院博士後期課程単位取得満期退学。
徳川林政史研究所非常勤研究員・立正大学非常勤講師。
主要論文：「近世中期における御用炭請負山村の食糧確保」（徳川林政史研究所『研究紀要』第45号）、「近世備荒貯蓄の形成と村落社会」（『関東近世史研究』第63号）

徳川の歴史再発見 森林の江戸学 II

2015年3月20日　初版印刷
2015年3月30日　初版発行

編　　者　公益財団法人徳川黎明会 徳川林政史研究所
発 行 者　小林悠一
D T P　株式会社 明昌堂
印刷製本　東京リスマチック株式会社

発行所　株式会社　東京堂出版
〒101-0051　東京都千代田区神田神保町1-17
電話　03-3233-3741　振替　00130-7-270
http://www.tokyodoshuppan.com/

ISBN978-4-490-20896-2 C1021
Printed in Japan